DFG

Geowissenschaften

VCH

© VCH Verlagsgesellschaft mbH, D-6940 Weinheim (Federal Republic of Germany), 1987

Vertrieb:
VCH Verlagsgesellschaft, Postfach 1260/1280, D-6940 Weinheim
(Federal Republic of Germany)
USA und Canada: VCH Publishers, Suite 909, 220 East 23rd Street, New York
NY 10010-4606 (USA)

ISBN 3-527-27357-3

DFG Deutsche Forschungsgemeinschaft

Geowissenschaften

Mitteilung XVI
der Senatskommission für
Geowissenschaftliche
Gemeinschaftsforschung

Deutsche Forschungsgemeinschaft
Kennedyallee 40
D-5300 Bonn 2
Telefon: (02 28) 885-1
Telex: 17 228 312
Teletex: 22 83 12

CIP-Kurztitelaufnahme der Deutschen Bibliothek

Geowissenschaften/DFG, Dt. Forschungsgemeinschaft. – Weinheim: VCH Verlagsgesellschaft, 1987

(Mitteilung ... der Senatskommission für
Geowissenschaftliche Gemeinschaftsforschung; 16)
ISBN 3-527-27357-3

NE: Deutsche Forschungsgemeinschaft; Deutsche Forschungsgemeinschaft / Senatskommission für Geowissenschaftliche Gemeinschaftsforschung: Mitteilung ... der Kommission
...

Satz: Hagedornsatz, D-6806 Viernheim
Druck und Bindung: Zechnersche Buchdruckerei, D-6720 Speyer
Printed in the Federal Republic of Germany

Inhaltsverzeichnis

Vorwort

Die Senatskommission für Geowissenschaftliche Gemeinschaftsforschung (Geokommission) legt mit diesem Heft ihre Mitteilung XVI vor, die zugleich ihr 16. Arbeitsbericht ist. Der 15. Bericht wurde mit Mitteilung XIV gegeben. Heft XV war der Hilfseinrichtung für die Forschung, dem *Seismologischen Zentralobservatorium Gräfenberg* („Zehn Jahre Gräfenberg-Array") gewidmet.

Die Geokommission sieht in der regelmäßigen Herausgabe ihrer Mitteilungen eine Möglichkeit, den ihr übergebenen Auftrag – die Förderung der Zusammenarbeit in den Geowissenschaften – zu erfüllen. Sie hofft, dadurch auch die Verbindung zwischen den geowissenschaftlichen Forschern verschiedener Disziplinen zu verbessern sowie die Kontaktaufnahme zur Deutschen Forschungsgemeinschaft, die die Arbeiten zur Erforschung der festen Erde fördert, zu erleichtern. Beiträge aus dem breiten Spektrum der Geowissenschaften, deren Inhalte Beratungsgegenstand der Geokommission waren, sollen auch künftig veröffentlicht werden, um diesem Zweck zu dienen.

Alle Leser der Mitteilungen werden gebeten, sich mit Anregung und Kritik an die Geokommission zu wenden. In den Aufgabenrahmen der Kommission passende Beiträge (s. hierzu S. 10 ff.) können auch künftig in den Kommissionsmitteilungen erscheinen.

Neue Interessenten, die das vorliegende und die folgenden Hefte persönlich erhalten wollen, werden gebeten, dies dem Sekretär der Geokommission, Herrn Dr. F. W. Eder, Institut für Geologie, Goldschmidtstraße 3, 3400 Göttingen, mitzuteilen.

Die Geokommission sucht die Verbindung zu allen Erdwissenschaftlern.

Karlsruhe, Frankfurt, Göttingen, im Juli 1986

Egon Althaus	Willi Ziegler	F. Wolfgang Eder
Vorsitzender der Geokommission	ehem. Vorsitzender 1978–1985	Sekretär

1 Allgemeine Mitteilungen der Geokommission

Neuer Vorsitzender der Kommission

Auf seiner Sitzung am 17. Oktober 1985 berief der Senat der Deutschen Forschungsgemeinschaft (DFG) zum neuen Vorsitzenden der Kommission

Prof. Dr. Egon Althaus
Mineralogisches Institut der Universität
Kaiserstraße 12, 7500 Karlsruhe 1

in der Nachfolge von Prof. Dr. W. Ziegler, Frankfurt, der den Vorsitz seit 1978 innehatte. Der zum Jahresende 1985 ausgeschiedene Präsident der Deutschen Forschungsgemeinschaft, Prof. Dr. Eugen Seibold, sprach auf der 40. Sitzung der Geokommission Herrn Prof. Ziegler den Dank für eine hervorragende siebenjährige Amtsführung aus und begrüßte Herrn Prof. Althaus in seiner neuen Funktion.

Neue Mitglieder der Kommission

Im Jahr 1985 sind die bisherigen Mitglieder Prof. Bender, Hannover, und Prof. Vidal, München, ausgeschieden.

Der Senat der DFG berief als neue Mitglieder der Geokommission am 2. Mai 1985

Prof. Dr. Bernhard Damm
Präsident des Geologischen Landesamtes Baden Württemberg,
Albertstraße 5, 7800 Freiburg

als Ständigen Gast, der sich insbesondere der Abstimmung der Forschung zwischen den Hochschulen und den Geologischen Landesämtern widmen wird, sowie am 17. April 1986

Prof. Dr. Martin Kürsten
Präsident der Bundesanstalt für Geowissenschaften
und Rohstoffe (BGR)
Postfach 51 01 53, 3000 Hannover 51

als Vertreter der BGR, auf deren maßgebliche Initiative hin die Kommission 1968 vom Senat der DFG eingerichtet wurde.

Aufgaben und aktuelle Zusammensetzung der Kommission

Eine wesentliche Voraussetzung für die großen Erfolge, die die geowissenschaftliche Forschung in den letzten Jahren in aller Welt erzielte, war die enge Zusammenarbeit von Forschern verschiedener geowissenschaftlicher Disziplinen. Diese Erkenntnis hatte den Senat der Deutschen Forschungsgemeinschaft bewogen, am 14. November 1968 eine Senatskommission für Geologische Gemeinschaftsforschung, am 13. 4. 1972 umbenannt in „Senatskommission für Geowissenschaftliche Gemeinschaftsforschung" – abgekürzt „Geokommission" – ins Leben zu rufen. Ihr gehören heute Vertreter folgender Fächer an: Bodenkunde, Geochemie, Geodäsie, Geologie, Paläontologie, Geographie, Geophysik, Lagerstättenkunde, Mineralogie sowie Angewandte Geowissenschaften. Im einzelnen sind dies die Herren

Prof. Dr. Egon Althaus
– Vorsitz –
Mineralogisches Institut
der Universität
Kaiserstraße 12
7500 Karlsruhe

Dr. Dieter Betz
BEB Erdgas und Erdöl
Riethorst 12
3000 Hannover 51

Prof. Dr. Bernhard Damm
(Ständiger Gast)
Präsident des Geologischen
Landesamtes Baden-Württemberg
Albertstraße 5
7800 Freiburg

Prof. Dr. Gerhard Einsele
Geologisches Institut
der Universität
Sigwartstraße 10
7400 Tübingen

Prof. Dr. Karl Fuchs
Geophysikalisches Institut
der Universität
Hertzstraße 16
7500 Karlsruhe

Prof. Dr. Hans Füchtbauer
Geologisches Institut
der Ruhr-Universität
Postfach 10 21 48
4630 Bochum

Prof. Dr. Horst Hagedorn
Geographisches Institut
der Universität
Am Hubland
8700 Würzburg

Prof. Dr. Karl-Heinrich Hartge
Institut für Bodenkunde
der Universität
Herrenhäuser Straße 2
3000 Hannover

Prof. Dr. Martin Kürsten
Präsident der Bundesanstalt für
Geowissenschaften und Rohstoffe
Postfach 51 01 53
3000 Hannover 51

Prof. Dr.-Ing. Hans Pelzer
Geodätisches Institut
der Universität
Nienburger Straße 1
3000 Hannover

Prof. Dr. Hans-J. Schneider
Institut für Angewandte Geologie
an der FU
Wichernstraße 16
1000 Berlin 33

Prof. Dr. Jürgen Untiedt
Institut für Geophysik
der Universität
Correnstraße 23
4400 Münster

Prof. Dr. Heinrich Wänke
Max-Planck-Institut für Chemie
Abt. Kosmochemie
Saarstraße 23
6500 Mainz

Prof. Dr. Roland Walter
Geologisches Institut der RWTH
Wüllnerstraße 2
5100 Aachen

Prof. Dr. Willi Ziegler
Forschungsinstitut Senckenberg
Senckenberganlage 25
6000 Frankfurt 1

Die Geokommission will ein Bindeglied sein zwischen den einzelnen geowissenschaftlichen Forschern und der Deutschen Forschungsgemeinschaft. Sie versucht, die verschiedenen geowissenschaftlichen Fächer zu einer engeren interdisziplinären Kooperation zusammenzuführen und die Forschungsarbeiten der deutschen Geowissenschaftler im In- und Ausland untereinander abzustimmen. Die Geokommission berät die Deutsche Forschungsgemeinschaft bei der Förderung der geplanten Forschung, so z. B. bei der Etablierung von Schwerpunktprogrammen, Forschergruppen, Sonderforschungsbereichen, Hilfseinrichtungen der Forschung sowie bei

11

finanziell umfangreicheren und „gebündelten" Anträgen im Normalverfahren. Diese Beratung erfolgt – neben den halbjährlich stattfindenden Sitzungen – durch gesondert eingesetzte Arbeitsgruppen oder Koordinierungsgremien, die für Spezialaufgaben benannt werden, wenn geowissenschaftliche Anfragen es erfordern oder bei kostspieligen Vorhaben Prioritäten gesetzt werden müssen. Allerdings ist die Begutachtung eingereichter Forschungsvorhaben nicht Sache der Geokommission, hierfür sind allein die gewählten Fachgutachter zuständig.

Als Beispiele für die Arbeitsgruppen der Geokommission seien hier genannt: „Geowissenschaftliche Forschungen in Lateinamerika" (Vorsitzender Prof. Hubert Miller, München), „Marine Geowissenschaften" (Vorsitzender Prof. Hans Füchtbauer, Bochum) und „Geowissenschaftliche Kooperation mit der UdSSR" (Vorsitzender Prof. Willi Ziegler, Frankfurt), das Koordinierungsgremium „Geodäsie/Geophysik" (Vorsitzender Prof. Manfred Bonatz, Bonn), das Beratergremium für die „European Geotraverse" (Prof. Peter Giese, Berlin) sowie die Gruppen „Bodenkunde und geowissenschaftliche Umweltforschung" (Prof. Karl-Heinrich Hartge, Hannover), „Geosphären-Biosphären-Programm" (Prof. Horst Hagedorn, Würzburg) und „Kontinentales Tiefbohrprogramm" (Prof. Egon Althaus, Prof. Willi Ziegler). Zudem berät die Kommission die DFG bei der Zusammenstellung der Kuratorien, z. B. für die Hilfseinrichtungen „Zentrallaboratorium für Geochronologie" und „Seismologisches Zentralobservatorium Gräfenberg" oder für Großgeräte wie das „Seegravimeter-Hamburg" oder den „Tandembeschleuniger-Erlangen".

Die Betreuung und Abstimmung der deutschen Beiträge für internationale geowissenschaftliche Gemeinschaftsprogramme werden durch von der Geokommission eingerichtete Landesausschüsse vorgenommen. Zur Zeit arbeiten die Landesausschüsse für das „Internationale Geologische Korrelations-Programm" (IGCP) und das „Internationale Lithosphäre-Programm" (ILP). Die aktuellen Beiträge zum „IGCP" und die personelle Zusammensetzung des Landesausschusses sind dem Beitrag in diesem Heft (S. 57) zu entnehmen.

Mit der Berufung von Prof. Karl Fuchs, Karlsruhe, zum Präsidenten des ILP (August 1985) sind auch Änderungen in der Zusammensetzung des Landesausschusses „Lithosphäre" einhergegangen. Die Geokommission nominierte Prof. Rolf Emmermann, Gießen, als neuen Vorsitzenden des Landesausschusses und berief im November 1985 den Ausschuß in der folgenden Zusammensetzung:

Mitglieder:

Prof. Behr, Göttingen	Prof. Mälzer, Karlsruhe
Dr. Beiersdorf, Hannover	Prof. Meissner, Kiel
Prof. Emmermann, Gießen	Prof. Neugebauer, Clausthal
Prof. Gocht, Aachen	Prof. Reigber, München
Prof. Hinz, Hannover	Prof. Seifert, Kiel
Prof. Hofmann, Mainz	Prof. Thiede, Kiel
Prof. Kröner, Mainz	Prof. Wedepohl, Göttingen
Prof. Lüttig, Erlangen	

Ständiger Gast: Prof. Fuchs, Karlsruhe

Berichterstatter:

Dr. Arndt, Mainz	Prof. Makris, Hamburg
Prof. Giese, Berlin	Prof. Schmincke, Bochum
Prof. Jacoby, Mainz	Prof. Schmucker, Göttingen
Prof. Langer, Hannover	Prof. Zeil, Berlin
Prof. Lelgemann, Berlin	

Neben der Planung und Abstimmung „neuer" geowissenschaftlicher Forschungsprojekte gilt die Tätigkeit der Geokommission auch den strukturellen Fragen der geowissenschaftlichen Fächer, die sich aus der permanenten Betreuung und Beobachtung sowie der Verflechtung spezieller Zweige der Forschung ergeben. Hierzu ausgesprochene Empfehlungen werden neben wissenschaftlichen Ergebnisberichten in den „Mitteilungen der Geokommission" veröffentlicht. Die Geokommission trägt durch die regelmäßige Herausgabe ihrer „Mitteilungen" dazu bei, die Zusammenarbeit in den Geowissenschaften zu fördern.

Die nachstehend genannten Professoren hatten seit 1968 den Vorsitz der Geokommission inne: K.-Richard Mehnert, Berlin (1968–1971, Mineralogie), Walter Kertz, Braunschweig (1971–1975, Geophysik), Wolfgang Torge, Hannover (1975–1978, Geodäsie) und Willi Ziegler, Marburg/Frankfurt (1978–1985, Paläontologie); seit November 1985 bekleidet das Amt des Geokommissions-Vorsitzenden Egon Althaus, Karlsruhe (Mineralogie). Als Sekretäre der Kommission fungierten Joachim Neumann, Bonn (1973–1980, Kartographie) und seit 1981 F. Wolfgang Eder, Göttingen (Geologie).

Die Geokommission bemüht sich um einen möglichst intensiven Informationsaustausch mit den nationalen geowissenschaftlichen Gesellschaften und deren Dachorganisation, der „Alfred-Wegener-Stiftung", um auch so für eine gute nationale und internationale Kommunikation und Kooperation laufender oder geplanter geowissenschaftlicher Vorhaben zu sorgen.

2 Mitteilungen über die Sitzungen 38 bis 41 der Geokommission

von Egon Althaus, Karlsruhe, F. Wolfgang Eder, Göttingen, und Willi Ziegler, Frankfurt

Die Kommission hat auch auf ihren letzten vier Sitzungen – der 38. im November 1984, der 39. im Mai 1985, der 40. im November 1985, Sitzungsort war jeweils Bonn, sowie auf der 41. im Mai 1986 in Frankfurt – über die aktuellen und drängenden Fragen geowissenschaftlicher Forschungsförderung beraten.

Traditionell zentrale Diskussionspunkte waren auf allen Sitzungen die *„Marinen Geowissenschaften"* und weitere Projekte zur *Erforschung der Lithosphäre,* unter anderen die Fortsetzungsarbeiten zur Lokationserkundung und generellen Vorbereitungen für eine erste Tiefbohrung im Rahmen des *„Kontinentalen Tiefbohrprogramms der Bundesrepublik Deutschland (KTB)".*

Bei den Marinen Geowissenschaften wurde die bundesdeutsche Beteiligung am Internationalen Tiefsee-Bohrprogramm im Rahmen des *„Ocean Drilling Program (ODP)"* intensiv behandelt. Zwei sehr erfolgreiche Fahrtabschnitte des ODP-Bohrschiffes „JOIDES RESOLUTION" waren in dem 1985 begonnenen aktiven Bohrprogramm aus deutscher Sicht hervorzuheben: Leg 102 (Bermuda, Erprobung und Bewährung des 3-D-Magnetometers der BGR) und LEG 104 (Norwegische See, Ko-Fahrtleiter: J. Thiede, Kiel; unter anderem wurden Hypothesen von K. Hinz, Hannover, hinsichtlich untermeerischer Krustenstrukturen bestätigt). Durch den Einsatz eines größeren ODP-Bohrschiffes (Abb. 1) ist auch die Möglichkeit für eine noch intensivere Mitarbeit deutscher Forscher gegeben; am Gesamtprogramm und an Detailvorhaben interessierte Geowissenschaftler mögen sich an den Koordinator des *DFG-Schwerpunktprogramms „ODP",* Dr. H. Beiersdorf, BGR-Hannover, wenden. Die verstärkte Einbindung der Bundesrepublik Deutschland in das „ODP" dokumentierte sich 1985 auch in dem Besuch der „JOIDES RESOLUTION" im Juni in

Abb. 2-1: Seit Ende Januar 1985 ist das Forschungs-Bohrschiff SEDCO/BP 471 als „JOIDES RESOLUTION" im Rahmen des Ocean Drilling Program (ODP) im Einsatz. Das Schiff gehört zu den größten Bohrschiffen der Welt; rund neun Kilometer Bohrgestänge können vom Bohrturm, der 61 m über die Wasseroberfläche ragt, eingesetzt werden. Über sieben Etagen verteilen sich Schiffslabors auf einer Grundfläche von mehr als 1.100 Quadratmetern; 50 Wissenschaftler können an jeder Fahrt teilnehmen.

Abb. 2-2: Die „JOIDES RESOLUTION" am 21. Juni 1985 in Bremerhaven; gezeichnet von Maximilian, 7 Jahre.

Bremerhaven sowie mit der Veranstaltung zweier internationaler Planungstreffen des Gesamtprogramms in Hannover (Juni 1985) und Bonn (September 1985). Die Kommission hat die lebhafte Reaktion der Öffentlichkeit (Abb. 2) und die engagierte Berichterstattung in den Medien als sehr positiv bewertet.

Zudem wurden die Diskussionen über die Gründung eines *„Instituts für marine Geowissenschaften (GEOMAR)"* wieder aufgenommen. Die Kommission erneuerte ihren Vorschlag, ein zentrales Grundlagen-Forschungsinstitut GEOMAR zu etablieren, damit die deutschen marinen Geowissenschaften international weiter konkurrenzfähig bleiben können.

Umfassend beraten wurden deutsche Tauchprojekte in der Tiefsee (Deutsch-französische Kooperation mit dem Tauchboot „CYANA") und ein möglicher Start einer Reihe von Tauchvorhaben in Flachmeeren oder Seen. Zum letztgenannten Thema fand ein Rundgespräch im Juli 1985 statt, bei dem zugkräftige Projekte diskutiert wurden. Außerdem wurde – auf Anregung des BMFT – begonnen, über ein europäisches Gemeinschaftsprogramm *„Ökologie der europäischen Rand- und Küstenmeere (EUROMAR)"* im Rahmen von *EUREKA* nachzudenken.

Die internationale Hinwendung zur geowissenschaftlichen Erkundung der Kontinente und ihres Untergrundes fand ihren Niederschlag in der Beratung zahlreicher deutscher Forschungsbeiträge, die in den Rahmen des *Internationalen Lithosphäre-Programms (ILP)* passen. Hier sind vorrangig zu nennen die bundesdeutschen Vorhaben für die *„European Geotraverse (EGT)"*, die ihren 3. Workshop „Central Segment" im April 1986 in Bad Honnef veranstaltete, das *„Deutsche Kontinentale Reflexions-Programm (DEKORP)"*, laufende Projekte der Erdbebenforschung (z. B. an der Nord-Anatolischen Störungszone), Forschungen der DFG-Hilfseinrichtungen *„Seismologisches Zentralobservatorium Gräfenberg"* und *„Zentrallaboratorium für Geochronologie, Münster"*, des Sonderforschungsbereichs 108 *„Spannung und Spannungsumwandlung in der Lithosphäre"*, Karlsruhe, der 1985 begonnenen Schwerpunktprogramme zur Erfassung der *„Kontinentalen Unterkruste"* und zur *„Kristallstruktur von Mineralen"*, der Forschergruppen in Mainz *(„Akkretion und Differentiation des Planeten Erde")* und Berlin *(„Mobilität aktiver Kontinentalränder")*. Zusammenfassende Ergebnisberichte beider Forschergruppen finden sich in diesem Heft (S. 81 und S. 115). Begrüßt wurde seitens der Geokommission die Planung der Mainzer Gruppe, ein Programm *„Wechselwirkung zwischen Kruste und Mantel"* ins Auge zu fassen.

Unvermindert stark beschäftigte sich die Kommission mit dem wohl anspruchsvollsten aller bisherigen deutschen geowissenschaftlichen Gemeinschaftsprojekte, dem *„KTB"*. Sie war mit einbezogen in die Vorbereitung, Durchführung und Auswertung des 2. Internationalen Tiefbohr-Symposiums, das im Oktober 1985 in Seeheim/Odenwald als 4. Alfred-Wegener-Konferenz veranstaltet worden ist. Die Kommission war an weiteren wissenschaftlichen und strukturellen Planungen des Gesamtprogramms beteiligt, empfahl die Einrichtung eines DFG-Schwerpunktprogrammes „KTB" und nominierte Personen, die sich in Ausschüssen der Koordinierung dieses Super-Projektes widmen. Die Geokommission kam einem Wunsch des Bundesministers für Forschung und Technologie (BMFT) nach und erklärte sich bereit, anläßlich der KTB-Lokationspräsentation im September 1986 (Seeheim) eine geowissenschaftliche Empfehlung für eine erste Tiefbohrung zu formulieren. Sie hat nach einem zweitägigen Kolloquium (19.–21. September 1986) mit internationaler Beteiligung unter sorgfältiger Abwägung aller wissenschaftlichen und technischen Gesichtspunkte für die Bohrlokation Oberpfalz votiert.

Des weiteren erörterte die Kommission Forschungsvorhaben, die im Zusammenhang mit dem *„International Geological Correlation Programme (IGCP)"* stehen; sie trug den internationalen Veränderungen im IGCP auch national Rechnung, veränderte die personelle Zusammensetzung ihres *Landesausschusses „IGCP"* und stellte die bundesdeutschen einschlägigen Aktivitäten zusammen (vgl. Beitrag Ziegler, Eder et al., S. 57). Sie beriet die Ergebnisse der von ihren Landesausschüssen „ILP" und „IGCP" gemeinsam durchgeführten Sitzung zum Thema *„Geowissenschaftliche Zusammenarbeit mit der Dritten Welt"* (vgl. Einleitung, S. 23, Maronde & Miller, S. 26, Matheis, S. 41 und Jacoby, S. 51).

Fortgesetzt wurden Überlegungen, wie sich die deutschen Geowissenschaften am sinnvollsten an dem vom International Council of Scientific Unions (ICSU) geplanten Großprogramm *„International Geosphere-Biosphere-Programme: A Study of Global Change (IGBP-GC)"* beteiligen können. Eine von der Kommission eingesetzte Arbeitsgruppe empfahl, in dieses attraktive Programm, das sich der Erforschung der Wechselbeziehungen zwischen Geo- und Biosphäre geowissenschaftlich nur in ausgewählten Teilen widmen kann, bereits laufende relevante deutsche Projekte einzubringen. Eine Beteiligung der Bodenkunde am „IGBP" wurde seitens der Kommission befürwortet und zudem in diesem Zusammenhang angeregt, *geowissenschaftliche Belange im Bereich der Bodenkunde und Umweltforschung* auch national stärker zu forcieren.

Neben den genannten, in das Umfeld von internationalen Großprogrammen passenden Forschungsvorhaben beriet die Kommission ausführlich Forschungsarbeiten und -ergebnisse der geowissenschaftlich ausgerichteten Schwerpunktprogramme, Sonderforschungsbereiche, Forschergruppen und Hilfseinrichtungen. Diskutiert wurde das *„Förderinstrument Sonderforschungsbereich (SFB)"* für die Geowissenschaften und auf die Schwierigkeit hingewiesen, daß nur an wenigen Standorten eine genügend große und interdisziplinär breite Kapazität vorhanden sei, um einen „SFB" zu etablieren. Beraten wurden der Start der Sonderforschungsbereiche in Hannover (SFB 173 *„Lokale Teilchenbewegung ... in Ionenkristallen")* und Kiel (SFB 313 *„Sedimentation im europäischen Nordmeer"),* die Abschlüsse der 1984 bzw. 1985 erfolgreich beendeten Sonderforschungsbereiche in Tübingen (SFB 53 *„Palökologie")* und Hannover (SFB 149 *„Vermessung von Küsten und Meeren")* sowie unter anderem Ergebnisse des SFB 69, Berlin, *„Geowissenschaftliche Probleme in ariden Gebieten"* und des SFB 127, Marburg, *„Kristallstruktur".* Zu befassen hatte sich die Kommission mit Verlängerungsanträgen der Schwerpunktprogramme *„Antarktisforschung", „Kinetik mineral- und gesteinsbildender Prozesse"* und *„Hydrogeochemische Vorgänge ..."* und wurde von den Resultaten des Schwerpunktprogramms *„Digitale geowissenschaftliche Kartenwerke"* sowie der weiteren, schon erwähnten unterrichtet. Die Geokommission empfahl die Einrichtung eines neuen Schwerpunktprogramms *„Fluviale Geomorphodynamik im Quartär"* und sieht nach wie vor erwartungsvoll der Planung eines Programms zur *„Intraformationalen Lagerstättenbildung"* entgegen. Breiten Raum widmete die Kommission – zum Teil auch auf von ihr empfohlenen Rundgesprächen – der Vorbereitung von möglichen neuen Forschungsprogrammen. Behandelt wurden u.a. *„Lateritische Verwitterungsprozesse im ausgehenden Mesozoikum und Tertiär", „Geodynamik des europäischen Varistikums", „Palökologie terrestrischer Sedimentgesteine", „Grenzen und Wert der Landsat-Auswertung", „SCAN-Zentrum für Geowissenschaften", „Fortsetzung der Forschungsarbeiten Grube Messel",* und die Abfassung einer Projektstudie *„Paläontologie – Quo vadis?"* wurde angeregt. Des weiteren befürwortete die Kommission eine *Intensivierung der geochronologischen und isotopen-geochemischen Forschungsarbeiten* in der Bundesrepublik Deutschland, begrüßte die geplante Abfassung einer Studie zur Situation und Zukunftsperspektive der *Kristallographie* und bekräftigte deren grundlegende Bedeutung für die Geowissenschaften. Sie empfahl die Einrichtung eines Programmbereichs *„Solid Earth Physics"* im Erdbeobachtungsprogramm der „European Space Agency (ESA)" und eine intensive Beteiligung der Bundesrepublik an *globalen seismischen Netzwerken,* insbesondere den Aus- bzw. Aufbau eines deutschen *seismologischen Regionalnetzes* mit einem Zentrum Gräfenberg. Zudem empfahl die Kommission, die Abstimmung potentieller geodätisch-geophysikalischer Projekte im Hinblick auf die Beschaffung von *„Global-Positioning"-Systemen.*

Ständig auf dem laufenden gehalten wurde die Kommission über die geowissenschaftliche Kooperation mit dem Ausland. So war z.B. ein umfassender Informationsaustausch mit Frankreich Thema der 40. Sitzung, zu dem Dr. Heintz vom Bonner Büro des "Centre National de la Récherche Scientifique" (CNRS) entscheidend beitrug. Die Kommission befaßte sich zudem mit der Wiederaufnahme des geowissenschaftlichen Kontaktes zum Iran, der Fortsetzung der Kooperation mit Geowissenschaftlern der UdSSR, den möglichen geowissenschaftlichen Beiträgen für EUREKA und zahlreichen Projekten in Europa (u.a. Spanien), Afrika, Lateinamerika und Asien (China, Japan, Türkei u.a.).

Abschließend sei festgehalten, daß ein zentraler Tagesordnungspunkt der 41. Sitzung die Beratung der mittelfristigen Forschungsplanung der DFG war; im sogenannten *„Grauen Plan VIII"* werden die für den Zeitraum 1987–1990 avisierten Forschungs-Schwergewichte und -Trends veröffentlicht.

3 Albert-Maucher-Preise für Geowissenschaften 1985

Die Deutsche Forschungsgemeinschaft vergab am 4. Dezember 1985 im Wissenschaftszentrum Bonn zum dritten Mal den ALBERT-MAUCHER-Preis für Geowissenschaften.

Der Münchner Geologe Prof. Dr. Albert Maucher hat der Deutschen Forschungsgemeinschaft im Jahre 1981 vor seinem Tod 200000 DM gestiftet. Maucher, der selbst am Beginn seiner wissenschaftlichen Laufbahn durch die DFG unterstützt worden war, verband damit den Wunsch, mit dieser Spende wiederum junge Geowissenschaftler zu fördern. Aus den Mitteln seiner Stiftung vergab die DFG auch dieses Mal zwei ALBERT-MAUCHER-Preise: die mit jeweils 20000 DM dotierten Preise wurden im Rahmen einer öffentlichen Veranstaltung an den 36-jährigen Paläontologen Priv.-Doz. Dr. Helmut Keupp, Bochum, und an den 33-jährigen Paläontologen Dr. Torsten Steiger, München, durch den Präsidenten, Prof. Dr. Eugen Seibold, überreicht.

Beide Preisträger berichteten über ihre Forschungen. Keupps Arbeiten befaßten sich bisher vor allem mit paläontologischen und sedimentologischen Fragen in Unterfranken und im niedersächsischen Becken. Seit einiger Zeit arbeitet er auch interdisziplinär mit Forschern anderer Gruppen über die Dinoflagellaten der Kreide. Steigers Arbeiten befaßten sich unter anderem mit Paläontologie und Biostratigraphie am nordwestafrikanischen Kontinentalrand sowie mit sedimentologisch-stratigraphischen Fragen in den Nördlichen Kalkalpen und der Fränkischen Alb. Seine Beiträge zur Mikrofazies und Sedimentgenese in Jura und Kreide sind von grundlegender Bedeutung für die Aufklärung geodynamischer Vorgänge am westlichen und nördlichen afrikanischen Kontinentalrand.

Ein Festvortrag von Prof. Dr. Heinrich Erben, Bonn, über „Umweltkatastrophen in der Urzeit" rundete die Verleihung des ALBERT-MAUCHER-Preises 1985 ab.

4 Geowissenschaftliche Zusammenarbeit mit der Dritten Welt – Laufende Projekte der Bundesrepublik Deutschland, Koordinierungs- und Finanzierungsmöglichkeiten

4.1 Einleitung

von F. Wolfgang Eder

Am 14. Dezember 1984 fand in den Räumen der Geschäftsstelle der Deutschen Forschungsgemeinschaft eine Sitzung statt zum Thema *„Zusammenarbeit mit der Dritten Welt im Rahmen des Internationalen Geologischen Korrelations-Programms und des Internationalen Lithosphären-Programms – Laufende Projekte der Bundesrepublik Deutschland, Koordinierungs- und Finanzierungsmöglichkeiten".*

Dieses von den Deutschen Landesausschüssen der oben genannten internationalen Programme gemeinsam veranstaltete Treffen führte Repräsentanten von nationalen und internationalen Forschungsförderorganisationen zusammen, die sich auf der Grundlage eines intensiven Informationsaustausches über einschlägige geowissenschaftliche Projekte eine Verbesserung der Koordination im nationalen und vielleicht auch internationalen Rahmen erhofften.

Die Vertreter der DFG wiesen darauf hin, daß die DFG – neben der internationalen Einbindung in weltweite geowissenschaftliche Großprogramme *(„Upper Mantle Project", „Geodynamics Project", „International Lithosphere Program", „International Geological Correlation Programme")* – auch in wachsendem Ausmaß mit Projekten in Ländern der Dritten Welt betraut sei. Zudem habe sich der damalige Präsident der DFG, Prof. Seibold, als IUGS-Präsident und jetziger Präsident der European Science Foundation, engagiert für die Belange der Entwicklungsländer eingesetzt.

Die Vorsitzenden der beiden Landesausschüsse „ILP" und „IGCP", die Herren Professoren Fuchs und Ziegler, erläuterten, daß es Probleme bei der Mittelbeschaffung für Vorhaben und bei der Wahl der richtigen Ansprechpartner (im In- und Ausland) gebe, die täglich Sorgen bereiteten. Auf dem Informationstreffen standen daher nicht so sehr die wissenschaftlichen Fragen von Geo-Programmen, sondern die alltäglichen Schwierigkeiten – von der Planung bis zur Durchführung und Auswertung – bei Kooperationsprojekten mit Ländern der Dritten Welt im Vordergrund der Beratungen.

Im einzelnen haben vorgetragen: **V. Šibrava,** UNESCO-Paris, über die geowissenschaftlichen Aktivitäten der UNESCO; **E. von Braun,** IGCP-Paris, über das Internationale Geologische Korrelations-Programm; **K. Fuchs,** Karlsruhe, über das Internationale Lithosphären-Programm und seinen Bezug zur Dritten Welt; **W. Gocht,** Aachen, über generelle Probleme bei Forschungsvorhaben in Ländern der Dritten Welt; **G. Matheis,** Berlin, in Vertretung von E. Klitzsch über Organisationsfragen der geowissenschaftlichen Vorhaben in ariden Gebieten Afrikas; **W. Zeil,** Berlin, über persönliche Initiative bei Lithosphären-Projekten in Lateinamerika; **W. Baum,** BGR Hannover, über Kooperationsprojekte der BGR; **D. Maronde,** DFG Bonn, über relevante Vorhaben der DFG; **I. Wendt,** BGR Hannover, über geophysikalische Untersuchungen der BGR in „off shore"-Gebieten von Ländern der Dritten Welt; **H.-U. Schmincke,** Bochum, über Trainingskurse der *„International Crustal Research Drilling Group (ICRDG)";* **G. Matheis,** Berlin, über persönliche Erfahrungen bei der geowissenschaftlichen Kooperation in Afrika; **M. Helfer** und **H. Lins,** DAAD Bonn, über die Programm-Möglichkeiten des DAAD zur Unterstützung der Forschungskooperation; **G. Bernauer,** BMZ Bonn, über Projekte des BMZ in Zusammenarbeit mit GTZ und BGR; **E. Arndt,** Carl-Duisberg-Gesellschaft, Köln, über relevante Vorhaben der CDG; **J. Buntfuß,** DFG Bonn, über Vorhaben der Alexander von Humboldt-Stiftung sowie **H. Quade,** Clausthal, über Weiterbildung in Projekten der wissenschaftlichen Zusammenarbeit und **W. Jacoby,** Frankfurt/Mainz, über mögliche Ursachen der Problematik. Interessenten, die Zusammenfassungen der präsentierten Vorträge erhalten möchten, werden gebeten, sich an den Sekretär der Geokommission, Dr. F. Wolfgang Eder, Göttingen, zu wenden.

Zusammenfassend bleibt festzuhalten, daß die Mehrzahl der anwesenden Geowissenschaftler ein allgemeines Informationsdefizit über die einschlägigen Möglichkeiten zur Förderung beklagte. Es wurde für sinnvoll angesehen, wenn die nationalen und internationalen Förderorganisationen über ihre jeweiligen Forschungsförderungsprogramme verstärkt informierten. Allerdings wurde auch betont, daß ohne das Engagement eines Forschers, auch in Richtung aktiver Informationssuche, keine sinnvolle Förderung von Kooperationsprojekten in Ländern der Dritten Welt erreicht werde.

Übereinstimmend begrüßt wurde, daß über Gastdozenturen in Entwicklungsländern die Bereitschaft zur Zusammenarbeit wechselseitig verstärkt werden könne; bei der Beschaffung von Arbeitsmöglichkeiten und -genehmigungen werde die UNESCO helfen.

Kurz andiskutiert wurde der Vorschlag, eine Koordinationszentrale für die besprochenen Fragenkreise einzurichten, die das Netzwerk (manche sprachen auch von Dickicht) der verschiedensten Fördermöglichkeiten transparenter machen möge. Neben den ohnehin zwischen DFG und DAAD stattfindenden Abstimmungsgesprächen sollten auch andere Organisationen in eine derartige, konzertierte Vorgehensweise eingebunden werden, um eine ähnlich gute Wirkung zu erzielen wie sie dem „*International Development Research Center*" in Ottawa/Kanada übereinstimmend zugesprochen wurde.

Als Beispiele für die Ausführungen der Gesprächsteilnehmer sind im folgenden drei Beiträge dieses Treffens aufgeführt (Maronde & Miller, S. 26, Matheis S. 41 und Jacoby, S. 51).

4.2 Die Förderung geowissenschaftlicher Forschung in Lateinamerika durch die Deutsche Forschungsgemeinschaft

von Hans-Dietrich Maronde, Bonn, und Hubert Miller, München

4.2.1 Einführung (historischer Rückblick)

Die seit Beginn des 19. Jahrhunderts selbständigen Staaten Lateinamerikas hatten die Freiheit, zum Aufbau ihrer geologischen Dienste und Universitäten Fachleute aus beliebigen Ländern zu beschäftigen. Eine Großzahl von ihnen ist aus Deutschland berufen worden. In vielen Ländern stand die erste systematische geologische Landesaufnahme unter der Leitung von deutschen, durch die jeweilige Regierung ins Land geholten Geologen. In manchen Staaten haben die durch sie begründeten Schulen bis heute großen Einfluß. Als Beispiele seien für Brasilien die Namen Eschwege, Maack und Beurlen genannt, für Argentinien Bodenbender, Brackebusch, Keidel und Gröber, für Chile Brüggen, für Bolivien Ahlfeld, für Peru Steinmann, für Ecuador Sauer. Überregional arbeitete zwischen den beiden Weltkriegen unter anderem Gerth, dessen Südamerika- und Anden-Bücher seinerzeit nicht ihresgleichen fanden. Als nach 1945 die meisten lateinamerikanischen Länder ihre Geologischen Dienste neu und eigenständig organisierten, und als zu den wenigen etablierten geologischen Ausbildungsstätten viele neue hinzutraten, hatten die Staaten und Universitäten Lateinamerikas weiterhin großes Interesse an der Mitarbeit deutscher Geowissenschaftler; andererseits war jungen deutschen Wissenschaftlern, die ins Ausland strebten, Lateinamerika aus deutschsprachiger Literatur gut bekannt. Aus einzelnen, personenbezogenen Forschungsaufenthalten entwickelten sich bald Arbeitsgruppen, meist stark vom Deutschen Akademischen Austauschdienst gefördert, die über mehrjährige Lehr- und Forschungsaufenthalte neue Akzente geowissenschaftlicher Lateinamerika-Forschung setzten. Manche junge deutsche Wissenschaftler sind ausgehend von solchen Aufenthalten für ihr weiteres Leben in Lateinamerika geblieben, andere haben nach ihrer Rückkehr an deutsche Universitäten zusammen mit ihren Schülern neue Zentren geowissenschaftlicher Lateinamerika-Forschung begründet.

Die Intensivierung der geowissenschaftlichen Arbeiten zu Beginn der sechziger Jahre führte bald dazu, daß eine irgendwie geartete Koordinierung wünschenswert schien. Es ist das Verdienst von Richard Weyl, durch die Organisation eines ersten „Lateinamerika-Kolloquiums" 1967 dazu angeregt zu haben. Bald darauf richtete die Deutsche Forschungsgemeinschaft (DFG) eine Arbeitsgruppe ein, deren Aufgabe es war und ist, für die geowissenschaftliche Lateinamerika-Forschung der DFG koordinierend tätig zu sein.

Zur gleichen Zeit, d.h. etwa seit dem Ende der fünfziger Jahre, traten in Lateinamerika mehr und mehr junge Kollegen ins Berufsleben, und einheimische Wissenschaftler übernahmen die Lehrtätigkeit an lateinamerikanischen Hochschulen, die nicht mehr unter dem unmittelbaren Einfluß der deutschen Geologen der Vorkriegszeit standen. Häufig promovierten sie in den Vereinigten Staaten, in England oder Frankreich. Die neuen Ideen der Plattentektonik wurden von ihnen, den Andenbewohnern, oft rascher aufgegriffen als von den mehr kontinental denkenden deutschen Geowissenschaftlern. Die geologische Kartierung der lateinamerikanischen Länder, am Ende des letzten Weltkrieges noch weitgehend auf dem Maßstab 1 : 500000 beruhend, nahm in den fünfziger und sechziger Jahren einen fast unglaublich raschen Aufschwung. Geologische Gesellschaften wurden gegründet oder aktiviert. Periodische Publikationsorgane, oft von beachtlichem Niveau, entstanden. Geowissenschaftliche Kongresse finden in zunehmender Zahl und mit internationaler Resonanz in Lateinamerika statt.

Zahlreiche Bergbau- und Ölgesellschaften wurden nationalisiert oder unter eigenständiger Leitung neu begründet. Sie nahmen zunächst das wachsende Angebot junger lateinamerikanischer Geologen auf, bis sich seit einigen Jahren dort ebenso wie an anderen Orten ein Überangebot an jungen Geologen einstellte. Der rasche Ausbau der Universitäten führte zu einer umfangreichen Forschungskapazität, zumal dort an guten Hochschulen die Lehrbelastung eher geringer ist als bei uns. Daraus resultiert eine Publikationsflut, die auch für ausgesprochene Lateinamerika-Spezialisten selbst für ein einzelnes Land nicht mehr leicht überschaubar ist.

4.2.2 Die Arbeitsgruppe der DFG „Geowissenschaftliche Forschungen in Lateinamerika"

Anknüpfend an ein von der DFG 1970 veranstaltetes Rundgespräch in Münster hat sich 1972 in Gießen eine Arbeitsgruppe gebildet, deren Aufgabe es ist, die Forschung deutscher Geowissenschaftler in Lateinamerika zu koordinieren. Diese Arbeitsgruppe wurde der Senatskommission für Geowissenschaftliche Gemeinschaftsforschung zugeordnet, die den Senat der DFG, ihr wissenschaftliches Beratungs- und Entscheidungsorgan, speziell in Fragen geowissenschaftlicher Gemeinschaftsforschung berät. In der Arbeitsgruppe, deren derzeitiger Vorsitzender Prof. Dr. Hubert Miller, München, ist, waren zunächst die Fächer Geologie, Paläontologie, Mineralogie, Geochemie, Lagerstättenkunde und Geophysik vertreten. Ende 1982 sind die Fächer Geodäsie und Geomorphologie/Bodenkunde dazugekommen. Der Arbeitsgruppe gehören zehn Wissenschaftler aus Hochschulinstituten und der Bundesanstalt für Geowissenschaften und Rohstoffe in Hannover an. Vorgänger in der Leitung der Arbeitsgruppe waren Prof. Richard Weyl, Gießen (1972–1978) und Prof. Werner Zeil, Berlin (1978–1982).

Ziel der Arbeits- und Koordinierungsgruppe ist es, die regional und in ihrer Thematik breit gefächerten Arbeiten der von der DFG geförderten Geowissenschaftler zu koordinieren und, wenn möglich, auch Abstimmungen mit Vorhaben anderer Institutionen (z. B. BGR-Projekte der Technischen Zusammenarbeit) vorzunehmen. So soll versucht werden, Schwerpunkte interdisziplinärer Fragestellungen zu setzen, um die verfügbaren knappen Mittel möglichst wirkungsvoll zu nutzen. Zu diesem Zweck hat die Arbeitsgruppe Mitte der siebziger Jahre vier Projektstudien erarbeitet:

- Präkambrium des brasilianischen Schildes,
- mittlerer und südlicher Abschnitt der Anden,
- nördlicher Andenabschnitt,
- Mittelamerika und Mexiko.

Im Mittelpunkt der Tätigkeit der Arbeitsgruppe stehen außerdem ein intensiver Informations- und Erfahrungsaustausch sowie die Vorbereitung der Geowissenschaftlichen Lateinamerika-Kolloquien (Tab. 4.2-1). Ausgewählte Referate des 2. bis 6. Kolloquiums sind in den „Münsterschen Forschungen zur Geologie und Paläontologie" gedruckt worden; seit dem 7. Kolloquium (Heidelberg) erscheinen sie im „Zentralblatt für Geologie und Paläontologie". Aus Anlaß der Kolloquien werden jeweils die Lateinamerika betreffenden Publikationen deutscher Arbeitsgruppen zusam-

Tabelle 4.2-1: Geowissenschaftliche Lateinamerika-Kolloquien 1967–1986

Ort	Datum	Organisator
1. Gießen	04.–05.01.1967	Prof. Dr. R. Weyl
2. Münster i. W.	22.–23.05.1970	Dr. G. Altevogt
3. Freiburg	04.–05.01.1973	Prof. Dr. R. Pflug
4. Hannover	14.–15.11.1974	Prof. Dr. H. Putzer
5. Clausthal	18.–19.11.1976	Prof. Dr. H. Quade
6. Stuttgart	22.–24.11.1978	Prof. Dr. O. F. Geyer
7. Heidelberg	19.–21.11.1980	Prof. Dr. G. C. Amstutz
8. Göttingen	17.–19.11.1982	Dr. O. Kappelmeyer Dr. H.-J. Nicolaus Prof. Dr. H. J. Behr
9. Marburg/Rauischholzhausen	21.–23.11.1984	Prof. Dr. R. Schmidt-Effing Prof. Dr. R. Emmermann
10. Berlin	19.–21.11.1986	Prof. Dr. P. Giese

mengestellt; diese Publikationsverzeichnisse werden von Zeit zu Zeit im „Zentralblatt für Geologie und Paläontologie" veröffentlicht. Die Arbeitsgruppe hat in den letzten Jahren mit gutem Erfolg dazu beigetragen, daß auf den größeren geowissenschaftlichen Kongressen in Lateinamerika die Arbeiten von Wissenschaftlern aus der Bundesrepublik angemessen dargestellt und repräsentiert wurden.

4.2.3 Schwerpunkte DFG-unterstützter geowissenschaftlicher Arbeiten*
(Abb. 4.2-1)

In **Mexiko** sind in den letzten Jahren umfangreiche Aktivitäten deutscher Geowissenschaftler zu verzeichnen. So untersucht eine interdisziplinär zusammengesetzte Gruppe unter Federführung von J. Negendank (Trier) in Kooperation mit mexikanischen Kollegen Probleme des transmexikanischen Vulkangürtels.

Seit 1981 läuft das von der Deutschen Gesellschaft für Technische Zusammenarbeit (GTZ) unterstützte deutsch-mexikanische Großprojekt des Aufbaus einer geowissenschaftlichen Fakultät der Universidad Autónoma de Nuevo León in Linares (Arbeitsgruppe Meiburg). Daraus haben sich eine Reihe von Forschungsvorhaben entwickelt, die teilweise von der DFG unterstützt werden.

Der Aufbau einer zentralamerikanischen Geologen-Ausbildung an der Universität in San José, **Costa Rica,** wird seit langer Zeit durch deutsche Gastprofessoren gefördert. Sie haben während ihres Aufenthaltes und oft viele weitere Jahre Forschungsarbeiten zur Entwicklung dieses geologisch sehr jungen Landstriches durchgeführt. An frühe Arbeiten von Richard Weyl und seinen Schülern anknüpfend, wurde besonders die Vielfalt der ozeanischen und Inselbogen-Basalte mit ihren Bezügen zur gleichzeitigen Sedimentation und plattentektonischen Entwicklung studiert, die zur Entstehung der Zentralamerikanischen Landbrücke geführt haben (z. B. Arbeitsgruppe Schmidt-Effing, Münster, jetzt Marburg).

Venezuela ist merkwürdigerweise weder in der klassischen Zeit deutscher Lateinamerika-Forschung noch heute ein Zentrum deutscher geowissenschaftlicher Arbeiten gewesen. Seit einigen Jahren sind geodätische Arbeitsgruppen aber intensiv mit Untersuchungen zur rezenten Tektonik beschäftigt (z. B. die Arbeitsgruppen Linkwitz, Stuttgart, und Torge, Hannover).

In **Kolumbien** und **Ecuador** finden seit langer Zeit intensive Bemühungen um die geotektonische und geochemische Zuordnung der mesozoischen und känozoischen Vulkanite der Anden und des auf der pazifischen Seite vorgelagerten „Basic Igneous Complex" statt (z. B. Arbeitsgruppe Pichler, Tübingen). Einige Zeit lang wurde auch von der Arbeitsgruppe Meißner (Kiel) an geophysikalischen Querprofilen durch Kolumbien gearbeitet. Nach frühen Arbeiten von Schülern Richard Weyls

---

* Stand 1985

Abb. 4.2-1: Schwerpunktgebiete DFG-unterstützter geowissenschaftlicher Forschungsvorhaben der letzten Jahre in Lateinamerika. Gestrichelt: Lagerstättenkundliche Arbeiten in den Anden.

31

in Kolumbien sind die Nördlichen Anden von deutschen Geologen im übrigen nur wenig beachtet worden. Eine Ausnahme bilden weitspannige paläontologische und biostratigraphische Arbeiten, die während langer Jahre Geyer (Stuttgart) in Kolumbien und **Peru** durchgeführt hat.

Im Zusammenhang mit den Diskussionen über die Bildung eines geowissenschaftlichen Sonderforschungsbereiches der Berliner Universitäten ergab sich 1979/1980, daß aufgrund der Vorarbeiten eine Konzentration der Arbeiten im mittleren Andenabschnitt anzustreben sei. Als Vorstufe wurde 1980 ein gebündelter Antrag vorgelegt, der unter dem Rahmenthema „Mobilität aktiver Kontinentalränder" in interdisziplinärer Zusammenarbeit vergleichende Untersuchungen in den **mittleren Anden** und im Bereich des Atlas-Systems Nordwest-Afrikas anstrebte. Daraus entwickelte sich der Antrag auf Einrichtung einer Forschergruppe mit dem gleichen Thema, dem der Senat der DFG im Oktober 1983 zustimmte. Der Förderungsantrag wurde durch eine Gutachtergruppe Anfang 1984 mit positivem Ergebnis geprüft, und ab 1. Mai 1984 hat die Forschergruppe unter Federführung von Prof. Giese ihre Arbeit aufgenommen. An der Forschergruppe sind die Disziplinen Geologie/Paläontologie und Geomorphologie, Petrologie und Geophysik sowie seit 1986 Geodäsie beteiligt. Hervorzuheben ist, daß die Untersuchungen seitens der Berliner Hochschulen in größerem Umfang ebenfalls unterstützt werden.

Das unter den mesozoisch-känozoischen Anden gelegene vielfältige paläozoische Grundgebirge wird im **chilenisch/argentinischen** Raum seit etwa 20 Jahren von den Arbeitsgruppen Miller (München, Münster) und Schwab (Mainz, Clausthal-Zellerfeld) intensiv bearbeitet. Die Feldforschungen reichen dabei an der chilenischen Küstenkordillere von Nordchile bis Patagonien (Chonos-Archipel), in Argentinien finden sie ihren Schwerpunkt im Nordwesten, etwa zwischen La Rioja und der bolivianischen Grenze. Die stetige Entwicklung eines jüngstpräkambrischen bis frühtriassischen Orogenkomplexes wurde dabei erkannt. Besonders intensive Partnerschaftsbeziehungen bestehen im Rahmen dieser Projekte mit der Universität Tucumán, Argentinien.

Rosenfeld (Münster) bearbeitet gemeinsam mit argentinischen Kollegen seit vielen Jahren die Anfänge und die frühe Entwicklung am Südende der Andengeosynklinale in den Provinzen Neuquén und Mendoza (**Argentinien**) sedimentologisch und paläogeographisch.

Die **Paläontologie** hat außerhalb von Argentinien in Lateinamerika relativ geringe Tradition. Der dortige Mangel an Literatur und Vergleichssammlungen eröffnet aber gerade für diesen Zweig der Geowissenschaften in den Anden ein weites Feld für kooperative Gemeinschaftsforschung zwischen lateinamerikanischen und deutschen Wissenschaftlern. Paläontologische Arbeiten sind in **Peru, Chile** und **Argentinien** unter anderem durch von Hillebrandt (Berlin), Erben (Bonn) und Wiedmann (Tübingen) vorangetrieben worden.

Die weltberühmten **Lagerstätten** der Anden haben in der sonst so reichhaltigen deutschen Lateinamerika-Forschung früher keine große Rolle gespielt, sicher eine Folge davon, daß die Großlagerstätten meistens in der Hand nordamerikanischer Gesellschaften lagen. Die Vielzahl schichtgebundener Buntmetall-Lagerstätten (vor allem Blei und Zink) des Mesozoikums der peruanischen und chilenischen Anden findet aber nunmehr seit über zehn Jahren das Interesse deutscher Geowissenschaftler der Arbeitsgruppe um Amstutz und Wauschkuhn (Heidelberg). Eingeschlossen sind seit neuestem darin auch paläozoische Lagerstätten von Zentralperu und der chilenischen Küstenkordillere südlich von Santiago. Auch die genetisch interessanten Vorkommen von Wolframerzen im zentralen Westen Argentiniens (Sierra von San Luis) finden seit einigen Jahren Interesse (Höll, München). Ohne DFG-Unterstützung arbeitet das Institut für Angewandte Geologie der FU Berlin (H.-J. Schneider) seit langer Zeit an Buntmetallvererzungen **Boliviens.**

Eine Heidelberger Arbeitsgruppe (Lippolt, Bitchene) untersucht die Petrogenese und geotektonische Stellung von mesozoischen Vulkaniten in **Ostparaguay.**

In **Brasilien,** einem traditionellen Schwerpunkt deutscher geowissenschaftlicher Forschung, sind derzeit besonders Arbeitsgruppen aus Clausthal-Zellerfeld, Freiburg und München aktiv. D. Walde (Freiburg) erforscht z. B. in Südwestbrasilien die geologische Entwicklung des präkambrischen Paraguay-Araguaia-Sedimentationsbeckens. In diesem Zusammenhang ist auf die vor wenigen Jahren aufgefundenen körperlich erhaltenen Scyphozoen-Reste aus dem Jungpräkambrium Brasiliens hinzuweisen (u.a. G. und R. Hahn, H.-D. Pflug, D. Walde).

Die Gruppe Weber-Diefenbach (München) hat sich die geowissenschaftliche Erforschung des brasilianischen Küstengebirges (Atlantic mobile belt, südliches Espirito Santo) zum Ziel gesetzt, wobei derzeit radiometrische Datierungen von Plutoniten im Vordergrund stehen.

Anknüpfend an langjährige Arbeiten der Gruppe Pflug (Freiburg) in der Serra do Espinhaço (Ostbrasilien) wird derzeit die Beziehung niedriggradig metamorpher Serien im Süden zu östlich anschließenden hochmetamorphen Bereichen bearbeitet.

Die Arbeitsgruppe G. Müller (Clausthal-Zellerfeld) widmet sich besonders mineralogisch-petrographischen und geochemischen Studien metamorpher Gesteine im östlichen Minas Gerais und im Randbereich des „Eisernen Vierecks".

In den beiden letzten Jahren (1983/84) sind von der DFG 37 Anträge mit einer Gesamtsumme von 4,3 Millionen DM gefördert worden. Hierin ist allerdings der für die erwähnte Forschergruppe bereitgestellte Betrag für zwei Jahre in Höhe von 1,6 Millionen DM enthalten. Betrachtet man einmal die räumliche Verteilung der Projekte, so überwiegen die Vorhaben im Bereich der Mittel- und Süd-Anden (23 Projekte) und im Bereich des Brasilianischen Schildes (10 Projekte). Demgegenüber treten Vorhaben im Raum der Nord-Anden (4 Projekte) zurück. Auffällig ist, daß in den letzten beiden Jahren für den Bereich Mittelamerika keine neuen Themen gefördert wurden. Gegenüber dem Zeitraum 1981/82 ist die Zahl der Vorhaben im Bereich der Mittel- und Süd-Anden gleich geblieben, für den Bereich der Nord-Anden und Mittelamerika ist dagegen ein deutlicher Rückgang zu verzeichnen. Die Anzahl der Vorhaben im Bereich des Brasilianischen Schildes ist in etwa gleich geblieben. Bei den Fächern überwiegen Vorhaben, die im Bereich der regionalen Geologie, der Lagerstättenkunde, Petrologie/Vulkanologie, Geochemie/Geochronologie, Geophysik und Biostratigraphie/Paläontologie anzusiedeln sind.

4.2.4 Internationale geowissenschaftliche Programme

Eine gewisse Tradition besitzt die Zusammenarbeit in größeren internationalen geowissenschaftlichen Programmen. Zu erwähnen ist hier vor allem das **Internationale Geologische Korrelationsprogramm (IGCP),** dessen deutscher Landesausschuß von Prof. Dr. W. Ziegler, Frankfurt, geleitet wird. 12 laufende Projekte betreffen den lateinamerikanischen Raum:

No 120 – Magmatic Evolution of the Andes (1975–1985) E. Linares
No 171 – Circum-Pacific Jurassic (1981–1985) G. E. G. Westermann
No 192 – Cambro-Ordovician Development in Latin America (1982–1986)
   B. Baldis und G. Aceñolaza
No 193 – Siluro-Devonian of Latin America (1982–1986) M. A. Hünicken
No 201 – Quarternary of South America (1983–1987) H. H. Camacho
No 202 – Megafaults of South America (1983–1986) F. Hervé
No 204 – Precambrian Evolution of the Amazonian Region (1983–1987)
   W. Texeira und C. C. G. Tassinari

neu

No 211 – Late Paleozoic of South America (1984–1988) A. J. Amos und
S. Archangelsky

No 237 – Gondwana Floras (1986–1990) O. Rösler

No 242 – Cretaceous of Latin America (1986–1990) W. Volkheimer und
J. A. Salfity

No 246 – Pacific Neogene Events in Time and Space (1986–1990) R. Tsuchi

No 249 – Andean Magmatism and its Tectonic Setting (1986–1990)
M. A. Parada und C. Rapela

Als Nachfolgeprojekt des internationalen Geodynamik-Projektes wurde als gemeinsames Vorhaben der IUGG und der IUGS das **Internationale Lithosphären-Programm (ILP)** anläßlich des Internationalen Geologen-Kongresses in Paris 1980 gestartet (offizielle Bezeichnung: The International Program on Dynamics and Evolution of the Lithosphere – the Framework for Earth Resources and Reduction of Hazards (ILP). Prof. Fuchs, Geophysikalisches Institut Karlsruhe, hat im August 1985 den Vorsitz der Inter-Union-Commission on the Lithosphere übernommen. Der Vorsitz im deutschen Landesausschuß ging gleichzeitig an Prof. Emmermann, Gießen, über. Prof. Zeil, der frühere Vorsitzende der Arbeitsgruppe Lateinamerika, ist ebenfalls Mitglied dieses Landesausschusses. Im Dezember 1984 haben die Landesausschüsse IGCP und ILP in einer gemeinsamen Sitzung speziell Probleme diskutiert, die die Länder der Dritten Welt und die Einbeziehung in die geowissenschaftlichen Aktivitäten im Rahmen dieser Programme betreffen. Ebenso wie das IGCP ist das Lithosphären-Programm von seiner Grundidee her so angelegt, daß eine intensive Beteiligung der Entwicklungsländer angestrebt wird. Die deutsche geowissenschaftliche Lateinamerika-Forschung wird daher auch im Rahmen dieses internationalen Großprojektes ihren Platz finden. In diesem Zusammenhang ist zu erwähnen, daß der Senat der Deutschen Forschungsgemeinschaft im Oktober 1984 beschlossen hat, ab 1985 ein Schwerpunktprogramm mit dem Titel „Stoffbestand, Struktur und Entwicklung der Kontinentalen Unterkruste" zu fördern. Das „Lithosphären-Projekt" findet seinen Ausdruck u. a. in der Durchführung einer Anzahl interdisziplinärer „transects".

4.2.5 Förderungsmöglichkeiten der DFG

Die **Förderpalette der DFG** ist in den letzten Jahren kaum verändert worden. Es besteht also die Möglichkeit, Förderung im Rahmen des Normalverfahrens, von Forschergruppen, Schwerpunktprogrammen und Sonderforschungsbereichen zu erhalten. Daneben sind zu erwähnen: die Gewährung von Forschungsfreijahren, von Stipendien (Forschung und Ausbildung, Heisenberg), von Kleinförderung sowie von Beihilfen zu Kongreß- und Vortragsreisen. Unter bestimmten Voraussetzungen können auch Projekte im Rahmen der **Forschungskooperation mit Entwicklungsländern** unterstützt werden. Um den berechtigten Interessen vieler Kooperationspartner besser gerecht zu werden, führt die DFG gemeinsam mit dem Bundesminister für Wirtschaftliche Zusammenarbeit (BMZ) seit 1977 ein Programm zur „Förderung von Forschungskooperationen mit Entwicklungsländern" durch. Im Rahmen dieses Programms können Kosten, die beim ausländischen Partner anfallen, aus Sondermitteln des BMZ (Limit DM 100 000 pro Projekt) übernommen werden, wenn die Thematik des Gemeinschaftsprojekts zur Lösung von Problemen des jeweiligen Entwicklungslandes beiträgt und das Vorhaben darüber hinaus geeignet ist, die Forschungskapazität in diesen Ländern zu stärken. Die DFG-Mittel sind nur für den deutschen Antragsteller bestimmt. Die Federführung für die Bearbeitung dieser Anträge liegt bei der DFG.

Die Arbeiten deutscher Geowissenschaftler in Lateinamerika werden vorwiegend im sogenannten **Normalverfahren** gefördert. Daneben sind Zuschüsse zu Kongreß- und Vortragsreisen zu nennen; auch Buchspenden an Partnerländer sollen erwähnt werden.

Vergleicht man die Zahl der Projekte in den letzten 14 Jahren, die im Normalverfahren gefördert wurden, so läßt sich sagen, daß jährlich 10 bis 25 Projekte unterstützt wurden. Hierfür wurden pro Jahr Förderungsbeträge von 0,2 bis 1,7 Millionen DM zur Verfügung gestellt. Die Förderungssummen unterliegen jährlichen Schwankungen, doch ist darauf hinzuweisen, daß besonders in den letzten Jahren eine deutliche Aufwärtstendenz erkennbar ist.

Zur Verbesserung der Kooperation hat sicherlich beigetragen, daß die Deutsche Forschungsgemeinschaft in Lateinamerika seit mehreren Jahren **Kooperationsvereinbarungen** mit der Comisión Nacional de Investigación Científica y Tecnológica (CONICYT) in **Chile** und mit der **Bolivianischen** Akademie der Wissenschaften hat. Im Frühjahr 1984 hat der Senat der DFG einer Sondervereinbarung über wissenschaftliche Zusammenarbeit mit der Partnerorganisation in **Brasilien,** dem Conselho Nacional de

Desenvolvimento Científico e Tecnológico (CNPq), zugestimmt. Der Vertrag begründet für die DFG keine neuen Förderungszuständigkeiten oder -verfahren, ermöglicht jedoch der brasilianischen Seite, zusätzliche Mittel für eine Beteiligung brasilianischer Wissenschaftler an Gemeinschaftsprojekten bereitzustellen. Weiterhin ist vorgesehen, daß die Vertragspartner wechselseitig Hilfestellung bei der Beschaffung von Forschungsgenehmigungen und bei der Ein- und Ausfuhr wissenschaftlichen Geräts leisten. Davon werden Erleichterungen für alle deutschen Wissenschaftler erhofft, die mit Unterstützung der DFG in Brasilien arbeiten.

4.2.6 Probleme und Zukunftsaspekte

Bei einer Bilanz ist zu berücksichtigen, daß Wissenschaftler, die geowissenschaftliche Projekte in Lateinamerika durchführen, sicherlich mit besonderen Schwierigkeiten zu kämpfen haben. So sind z. B. die Kosten für Geländearbeiten, speziell für Fahrzeuge und für die An- und Rückfahrt, besonders hoch zu veranschlagen. Die Ein- und Ausfuhr von Geräten und Probenmaterial kann Schwierigkeiten bei den Zollbehörden und anderen zuständigen Institutionen ergeben. Die angespannte Energieversorgung in einigen Ländern und politische Probleme können eine kontinuierliche Arbeit und die reibungslose Abwicklung der Projekte behindern. Erfreuliche Fortschritte haben sich sicherlich in den letzten Jahren bei der Zusammenarbeit mit den Partnern im jeweiligen Gastland ergeben. Dies betrifft den kontinuierlichen Ausbau von Universitäten und auch der geologischen Dienste in einigen Partnerländern. Zusammenfassend läßt sich hierzu sagen, daß in allen Fällen eine gute Vorbereitung der Reisen und des Projektes notwendig ist, um den reibungslosen Verlauf zu gewährleisten.

Aus dem bisher Gesagten ergeben sich für die deutsche geowissenschaftliche Lateinamerika-Forschung folgende neue Aspekte, die wir etwas näher darlegen wollen:

1. Bei geowissenschaftlichen Arbeiten im Ausland geht der Trend eindeutig dahin, die Projekte gemeinsam mit den Wissenschaftlern des Partner- und Gastlandes durchzuführen. Die verbesserte personelle Forschungskapazität lateinamerikanischer Institutionen und die reiche Literatur machen es in steigendem Maße unmöglich, „importierte" Forschungsprojekte ohne die Mitwirkung einheimischer Fachleute aufzubauen. Zunehmende finanzielle Schwierigkeiten verbieten es den lateinamerikanischen Institutionen immer häufiger, logistische Hilfsmittel wie

Geländefahrzeuge und Fahrer für unsere Geländearbeiten so großzügig wie früher und ohne weitere Bedingungen zur Verfügung zu stellen. Daher muß gegenseitiges Geben und Nehmen in logistischer **und** wissenschaftlicher Hinsicht zur Selbstverständlichkeit werden. Die größere Gelände- und die einschlägige Literaturkenntnis der lateinamerikanischen Kollegen kann dabei in sinnvoller Zusammenarbeit durch die häufig bessere apparative Ausstattung der deutschen Partner ergänzt werden.

Die neue Generation der lateinamerikanischen Kollegen sieht bei aller Verehrung für die Leistung deutscher Geologen früherer Jahrzehnte in uns nicht mehr den überragenden Spezialisten, sondern lieber den freundschaftlich verbundenen, gleichberechtigten Partner. Auf dieser Basis sind heute bürokratische Probleme leicht zu lösen und so wird auch in Zukunft z. B. die geologische Entwicklung des Brasilianischen Schildes und seines mobilen Randes ein zukunftsträchtiges Forschungsfeld für eine progressive Forschung auch deutscher Wissenschaftler sein.

2. Eine international gültige und über lokale Beiträge hinausführende geologische Forschung in Lateinamerika bedarf intensiver Zusammenarbeit zwischen Wissenschaftlern verschiedener Fachrichtungen. Gewiß wird es stets Forschungsprojekte geben, die durch einen einzelnen Geowissenschaftler oder durch eine kleine Arbeitsgruppe gelöst werden können und gelöst werden müssen. Es ist auch selten sinnvoll, große Kooperationsprojekte als solche zu konzipieren; gute Großprojekte wachsen aus kleinen Anfängen. Jedoch haben kleinere Vorhaben selten Aussicht, solches Gewicht zu bekommen, daß sie über den Rahmen des beschränkten Interesses eines einzelnen Landes hinaus Beachtung finden. Je vielfältiger eine Gemeinschaft ist, die sich mit einer Region oder einer bestimmten Erscheinung befaßt, umso größere Aussicht hat sie, in der Zusammenschau allgemein interessierende Beobachtungen zu machen und überregional gültige Konzepte zu erarbeiten.

Diese Kooperation muß sich nicht unbedingt in der Form einer Forschergruppe ausdrücken, wie sie etwa in Berlin begründet worden ist; sie kann in mannigfacher loser oder mehr oder weniger scharf definierter Weise geschehen. Bei der Auswertung von Probenmaterial hat sich in letzter Zeit eine erfreuliche Kooperation zwischen einzelnen deutschen Instituten entwickelt.

Diese Zusammenarbeit sollte nicht nur bei wissenschaftlich aufeinander abgestimmten Vorhaben praktiziert werden, sie ist auch für die Durchführung wissenschaftlich nicht unmittelbar zusammenhängender

Projekte von Nutzen. Die sich stetig verteuernden Reisekosten bei beschränkten finanziellen Mitteln erlauben es nicht mehr, daß Fahrzeuge für kurzfristige Arbeiten gekauft werden und dann oft lange Zeit ungenutzt sind, oder daß Geländefahrzeuge teuer gemietet werden. Überlegungen zur Organisation eines Fahrzeug-Pools müssen in naher Zukunft angestellt werden, um bei minimalen Kosten maximale Effektivität unserer Arbeit zu sichern. Ein anderes Beispiel für die schon seit längerer Zeit geübte Zusammenarbeit ist das gemeinsame Versenden von Gesteinsproben; erfahrungsgemäß spielt bei den Frachtkosten der eigentliche Transport die geringste Rolle; am teuersten sind die Abfertigungsgebühren, unabhängig davon, welche Menge von wie vielen Partnern zusammengelegt und gemeinsam versandt wird.

Ein sicher nicht in jedem Fall nachahmbares, aber doch beispielhaftes Gemeinschaftsunternehmen ist das der **Forschergruppe „Mobilität aktiver Kontinentalränder"** der Berliner und weiterer Universitäten der Bundesrepublik Deutschland. Die Mitwirkung der Geophysik, die in Lateinamerika selbst leider recht wenig entwickelt ist, spielt für die Aufrechterhaltung hohen Niveaus in der deutschen geowissenschaftlichen Lateinamerika-Forschung eine bedeutende Rolle.

Bekanntlich führt die Bundesanstalt für Geowissenschaften und Rohstoffe in Hannover eine Fülle von Projekten, so auch im lateinamerikanischen Raum, durch. 1985 wurden als neue Projekte der technischen Zusammenarbeit Vorhaben in Ecuador, Peru und Uruguay in Angriff genommen. Es wird angeregt, daß in Zukunft vielleicht verstärkt die Möglichkeiten einer Kooperation zwischen Wissenschaftlern, die in derartigen Projekten arbeiten, und Wissenschaftlern aus Hochschulinstituten geprüft werden, um so eine optimale Auswertung und Nutzung des anfallenden Proben- und Datenmaterials zu gewährleisten.

3. Wir haben an anderer Stelle dargelegt, wie die geowissenschaftliche Lateinamerika-Forschung der Bundesrepublik Deutschland durch die Reihe von Kolloquien und die darauf aufbauenden Veröffentlichungen Gedankenaustausch pflegt und ihre Arbeiten in die weitere Öffentlichkeit trägt. Dennoch muß mit Bedauern festgestellt werden, daß der internationale Bekanntheitsgrad dieser Arbeiten nicht dem persönlichen Einsatz der Forscher und dem finanziellen Aufwand der Forschungsförderungsorganisationen entspricht. Man mag es beklagen, aber man kann es nicht ändern: ein in einer lokalen deutschen Zeitschrift auf deutsch gedruckter Aufsatz über ein Gebiet in den Anden findet in Deutschland wenig Interessenten und in Amerika keinen Leser. Nur

Publikationen in englischer Sprache in internationalen Zeitschriften erreichen das Publikum, das letztlich angesprochen werden soll. Darüber hinaus ist es notwendig, auch in lateinamerikanischen Zeitschriften – spanisch bzw. portugiesisch – zu publizieren. Dies mag zu sonst unliebsamen Doppelveröffentlichungen führen, bringt unsere Arbeiten aber eben dort bevorzugt zur Kenntnis, wo sie am meisten geschätzt sind: in Lateinamerika.

Zieht man **Bilanz** der Entwicklung der letzten Jahre, so ist festzustellen, daß geowissenschaftliche Projekte im lateinamerikanischen Raum durch die DFG in zunehmendem Maße finanziert worden sind. Hierbei ist sehr deutlich der Trend vom Einzelprojekt zum gemeinsamen Projekt in Kooperation mit in- und ausländischen Partnern festzustellen. Geowissenschaftliche Lateinamerika-Forschung hat nicht nur Tradition, sie hat auch Zukunft. Eine Zukunft, die in steigendem Maße auch die Beziehungen Lateinamerikas zu anderen Kontinenten der Südhalbkugel, dem alten „Gondwana-Land", betrifft: Afrika und die Antarktis, beides Kontinente, die ebenfalls Schwerpunkte geowissenschaftlicher Arbeiten deutscher Wissenschaftler sind.

4.3 Afrikagruppe deutscher Geowissenschaftler

von Günter Matheis, Berlin

Forschungsarbeiten deutscher Geowissenschaftler in Afrika haben eine lange Tradition; zu Anfang war der Kreis dieser Wissenschaftler überschaubar und der gegenseitige Informationsfluß durch persönliches Kennen garantiert. Mit dem Anstieg der Auslandsaktivitäten seit den fünfziger Jahren ging dieser enge Kontakt verloren und nicht selten trafen sich Kollegen erst vor Ort in Afrika, um festzustellen, daß sie nahezu gleiche Forschungsziele in derselben Region verfolgen – ein Problem mangelnder Information und Koordination, das nicht auf die Afrikaforschung beschränkt ist.

Nach verschiedenen Anläufen in kleineren Fachgruppen in den letzten zwanzig Jahren wurde im Januar 1980 anläßlich eines Arbeitstreffens im Geologisch-Paläontologischen Institut der Universität Gießen die *Afrikagruppe deutscher Geowissenschaftler"* im wesentlichen auf Initiative von E. Klitzsch (Berlin), H. Hagedorn (Würzburg), D. D. Klemm (München), A. Kröner (Mainz) und H. D. Pflug (Gießen) gegründet. Die Zielsetzungen dieser Gruppierung wurden dann in einem ersten Rundschreiben an andere Geowissenschaftler, deren Forschungsinteressen stark auf Afrika ausgerichtet sind, folgendermaßen umrissen:

„Die Afrikagruppe verspricht sich durch einen Zusammenschluß der in Afrika arbeitenden Geowissenschaftler mehr Effektivität und ein größeres Gewicht nach außen. Sie strebt folgende Ziele an:

a) Informationsaustausch durch regelmäßige Rundgespräche

b) Koordination geplanter Vorhaben und, wo immer sinnvoll, Bildung regionaler oder thematischer Arbeitsgruppen

c) Ausbau wissenschaftlicher Zusammenarbeit in Forschung und Lehre mit afrikanischen Hochschulinstituten und außeruniversitären geowissenschaftlichen Einrichtungen."

Um dieser Zielsetzung gerecht zu werden und den Kreis der in Afrika tätigen deutschen Geowissenschaftler zu erfassen, wurde ein erstes Rundgespräch am 4. Juli 1980 am Institut für Geowissenschaften der Universität Mainz durchgeführt; 45 Geowissenschaftler aus allen geologieorientierten Fachdisziplinen, der physischen Geographie und der Bodenkunde waren anwesend. Als Ergebnis dieses ersten Treffens wurde die Organisation der Afrikagruppe bewußt als lockerer Informationsverbund gestaltet und im Rundbrief I vom August 1980 einem größeren Interessentenkreis mitgeteilt:

„Die Afrikagruppe versteht sich als loser Zusammenschluß von Geowissenschaftlern, deren Forschungsinteressen stark auf Afrika ausgerichtet sind. Nach außen hin wird die Afrikagruppe durch einen Sprecher und einen Stellvertreter vertreten; die Wahl des Sprechers gilt für ein Jahr, der Stellvertreter wird im darauffolgenden Jahr als Sprecher die Afrikagruppe vertreten. Als Kontaktstelle zum notwendigen Informationsaustausch und zur Zusammenstellung des Rundbriefes wird ein Sekretär gewählt.

Um den Informationsfluß hinsichtlich laufender Forschungsarbeiten, Tagungen, in Afrika tätiger Arbeitsgruppen außerhalb Deutschlands etc. zu erleichtern, soll ein vom jeweiligen Sekretär organisierter Rundbrief verteilt werden; die Zahl der Rundbriefe richtet sich nach den eingehenden Informationen seitens der die Afrikagruppe tragenden Geowissenschaftler – wenigstens zwei Rundbriefe pro Jahr werden angestrebt. Mit dem ersten Rundbrief wird eine Zusammenfassung der bis zum August 1980 eingegangenen Forschungsschwerpunkte versandt."

„Im jährlichen Turnus sollen Kolloquien der Afrikagruppe mit jeweils festgelegtem Rahmenthema stattfinden."

Entsprechend der lockeren Organisation der Afrikagruppe wurde eine Einbindung in andere Strukturen, wie etwa der Gruppe „Geowissenschaftliche Forschungen in Lateinamerika" in die Senatskommission für Geowissenschaftliche Gemeinschaftsforschung (Geokommission), nicht durchgeführt; jedoch werden die Geokommission wie auch die zuständigen Referate von DFG, BGR, GTZ und BMZ durch die Rundbriefe über die Aktivitäten der Afrikagruppe fortlaufend informiert.

Seit August 1980 wurden inzwischen elf Rundbriefe verschickt, die über afrikarelevante Tagungen, internationale Forschungsprojekte, Aktivitäten internationaler Organisationen, in Afrika tätige deutsche Gastdozenten und eventuelle Stellenangebote (DAAD, UN) informieren; weiterhin werden auf diesem Wege der Verlauf der jährlichen Kolloquien durch ein ausführliches Protokoll und die Zusammenfassungen der jeweiligen Kurzvorträge dem gesamten Kreis der an Afrika interessierten Geowissenschaftler zugänglich gemacht. Diese Rundbriefe werden derzeit an 190 Anschriften verschickt; die Unkosten für die Verteilung der Rundbriefe werden durch einen jährlichen Unkostenbeitrag der Interessenten abgedeckt.

Die jährlichen Kolloquien werden so gestaltet, daß ein Nachmittag der Vorstellung laufender Forschungsprojekte einschließlich organisatorischer Fragen und Probleme der Projektfinanzierungen sowie übergeordneten Informationsschwerpunkten vorbehalten ist, während der darauffolgende Vormittag wissenschaftlichen Kurzvorträgen zu einem jeweils vorgegebenen Rahmenthema gewidmet ist. Als fester Termin für diese Treffen hat sich der letzte Freitag/Samstag im Juni eingependelt; die Durchführung der Kolloquien wird jeweils von einer anderen der beteiligten geowissenschaftlichen Einrichtungen übernommen, wobei sich der Wechsel zwischen geologischen und geographischen Instituten als sehr vorteilhaft für das gegenseitige Verständnis erweist. Die bisherigen fünf Kolloquien fanden in dem folgenden skizzierten Rahmen statt:

Kolloquium 1981,
Senckenberg-Museum Frankfurt.
Rahmenthema „Geographie und Geologie des Sahararaumes".

Kolloquium 1982,
Geologisch-Paläontologisches Institut der Universität Göttingen.
Informationsschwerpunkt: Förderungsmöglichkeiten für Forschungskooperationen in Afrika.
Rahmenthema „Afrika südlich der Sahara".

Kolloquium 1983,
Geographisches Institut der Universität Würzburg.
Informationsschwerpunkt: Geowissenschaftliche Industrieprojekte in Afrika.
Rahmenthema „Verwitterungsprozesse, Landschafts- und Klimageschichte".

Kolloquium 1984,
Sonderforschungsbereich 69, TU Berlin.
Centre International pour la Formation et les Echanges Géologiques (C.I.F.E.G.) Distinguished Lecture by Prof. R. Black/Université Paris „The Importance of the Pan-African Event in the Geological Framework of Africa".

Rahmenthema „Entwicklung geologischer Großstrukturen in Afrika – Tektonik, Magmatismus, Beckenbildung, Metallogenese, Paläomagnetismus".
Posterausstellung zum Sonderforschungsbereich 69 „Geowissenschaftliche Probleme in ariden Gebieten" und zur DFG-Forschergruppe „Mobilität aktiver Kontinentalränder".

Kolloquium 1985,
Geographisches Institut der Universität Marburg.
Informationsschwerpunkt: Internationales Geologisches Korrelationsprogramm (IGCP).
Rahmenthema „Sedimentologie, Klimageschichte und Hydrologie kontinentaler Becken Afrikas".

Kolloquium 1986,
Geologisch-Paläontologisches Institut der Universität Münster.
Informationsschwerpunkt: Kooperation mit geowissenschaftlichen Institutionen in Afrika – Erfahrungen und Möglichkeiten.
Rahmenthema „Vulkanogene Ereignisse in der geologischen Entwicklung Afrikas".

Das Kolloquium 1987 wird an das vom 18.–22. August 1987 in Berlin stattfindende "14th Colloquium on African Geology" angelehnt.

Die im *Anhang* aufgelisteten Vortragstitel der bisherigen fünf Kolloquien zeigen die Bandbreite der in der *„Afrikagruppe deutscher Geowissenschaftler"* vertretenen Fachdisziplinen, die thematisch wie regional den Gesamtkontinent als Forschungsobjekt haben. Allerdings fällt auf, daß die anglophonen Länder Afrikas von deutschen Geowissenschaftlern deutlich bevorzugt werden und die in frankophonen Ländern angesiedelten Forschungsarbeiten eher geographisch als geologisch orientiert sind.

Die bei Gründung der Afrikagruppe gesetzten Ziele „Information/ Koordination – Kooperation mit afrikanischen Institutionen" sind bisher nur zum Teil erreicht worden. Sicher ist die gegenseitige Querinformation der in Afrika tätigen Geowissenschaftler intensiviert worden, wobei sich als Nebenprodukt zwangsläufig auch eine verbesserte Koordination einstellt. Hinsichtlich der Kooperation mit afrikanischen Hochschulinstituten o.ä. muß die bisherige Informationsarbeit der Afrikagruppe sicherlich noch besser gestaltet werden; daß sich die „Afrikagruppe deutscher Geowissenschaftler" diesem Ziel verpflichtet fühlt, zeigt sich unter anderem auch daran, daß sie bisher das erste und einzige deutsche institutionelle Mitglied der „Association of Geoscientists for International Development (AGID)" ist. Eingehendere Unterlagen über AGID sind vom Autor zu erhalten.

Die Afrikagruppe versteht sich als Informationsquelle und Ansprechpartner für alle Fragen, die überwiegend geowissenschaftliche Forschungsaktivitäten deutscher Hochschulen, aber auch anderer staaatlicher Einrichtungen betreffen. Der Verfasser ist seit Gründung der Afrikagruppe deren Sekretär und steht für Anfragen zur Verfügung (Kontaktanschrift: Dr. G. Matheis, TU Berlin, SFB 69, Ackerstr. 71, D-1000 Berlin 65).

Anhang: Vortragstitel der wissenschaftlichen Beiträge

Kolloquium 1981
Senckenberg-Museum Frankfurt
Rahmenthema „Geographie und Geologie des Sahararaumes"
H. Besler/Stuttgart: Verschiedene Typen von Reg, Dünen und kleinen Ergs in der algerischen Sahara.
K. Schäfer/Bayreuth: Paläo- und in situ-Gesteinsspannungen in Libyen und Tunesien.
W. Smykatz-Kloss/Karlsruhe: Mineralogie und Geochemie der Sebchas des Fezzan, libysche Sahara.
U. Tröger/Berlin: Ölschieferlagerstätten Marokkos.
H. Hagedorn & D. Busche/Würzburg: Geographische Expedition in Nord-Niger.
A. Kröner & R. Greiling/Mainz: Geologische Untersuchungen im Nubisch-Arabischen Schild.
E. Klitzsch/Berlin: Paläozoikum in SW-Ägypten und NW-Sudan.
U. Thorweihe/Berlin: Hydrogeologie des Dakhla-Beckens in Ägypten.

Kolloquium 1982
Geologisch-Paläontologisches Institut der Universität Göttingen
Rahmenthema „Afrika südlich der Sahara"
J. Röhrs/Göttingen: Metaplaya-Ablagerungen im Damara-Orogen.
T. Heinrichs/Göttingen: Zur Genese der yoderitführenden Weißschiefer der ostafrikanischen Mozambiden.
D. Puhan/Göttingen: Untersuchungen zur Metamorphose am Beispiel des Damara-Orogens.
R. Zeese/Köln: Vergleichende Untersuchungen zur Reliefentwicklung in den Bergländern Nordost-Nigerias und Nordost-Tansanias.
O. Hankel/Gießen: Stratigraphische und fazielle Untersuchungen im Karroo Tansanias.
P. Bär/Ilorin, Nigeria: Tektono-stratigraphische Untersuchungen im präkambrisch-altpaläozoischen Grundgebirge von Nordwest-Nigeria.
A. Mücke/Berlin: Die Genese der Eisenerzlagerstätten von Itakpe Hill bei Okene, Kwara State, Nigeria.
G. Matheis/Berlin: Rb/Sr-Datierung an Sn-Nb-Ta führenden Pegmatiten von Zentralnigeria.
L. J. Robb/Köln: Evolution of the Archean Granitic Crust in the Barberton Mountain Land, South Africa – An Overview.
W. Büttner & R. Saager/Köln: Geologisch-lagerstättenkundlicher Untersuchungen im Bereich der Msanli-Asbest-Mine, Barberton Greenstone Belt, Südafrika.
D. Stupp et al./Köln: Mineralogisch-geochemische Untersuchungen an Konglomeraten der Pongola und Witwatersrand Supergroup, Südafrika.

Kolloquium 1983

Geographisches Institut der Universität Würzburg

Rahmenthema „Verwitterungsprozesse, Landschafts- und Klimageschichte"

A. Skowronek/Würzburg: Analytische Kennzeichnung und paläoklimatische Interpretation von Verwitterungs- und Bodendecken aus der zentralen Sahara.

P. Pachur/Berlin: Zum Holozän der libyschen Wüste.

W. Andres & G. Tietze/Marburg: Beobachtungen zur jungquartären Klima- und Reliefentwicklung der Eastern Desert, Ägypten.

G. Prasad/Hamburg: Frühtertiäres Bauxitevent in Afrika im Vergleich mit Südamerika und Indien.

R. Zeese et al./Köln: Laterite in Nordost-Nigeria.

G. Matheis/Berlin: Spurenelementverteilungen in lateritischen Böden ein Hilfsmittel zur lithologischen Kartierung im tropischen Milieu.

K. Görler & M. Zucht/Berlin: Zur neogenen Entwicklung des Entwässerungsnetzes südlich des Hohen Atlas, Marokko.

T. Zillbach & P. Wagner/Berlin: Strukturelle Landschaftseinheiten und rezente Abtragungsprozesse im Becken von Quarazate, Südmarokko.

Kolloquium 1984

Sonderforschungsbereich 69, TU Berlin

Rahmenthema „Entwicklung geologischer Großstrukturen in Afrika – Tektonik, Magmatismus, Beckenbildung, Metallogenese, Paläomagnetismus"

W. Pohl/Braunschweig: Zur Geologie des Mozambique Gürtels in Kenya.

H. Schandelmeier/Berlin: Aspekte zur Krustenentwicklung und Regionaltektonik am Westrand des Nubischen Schildes.

L. Schermerhorn/Berlin: Ein panafrikanischer Subduktionskomplex im Sirwa Dom, Anti-Atlas, Marokko.

G. Matheis/Berlin: Panafrikanische Remobilisation zwischen Westafrika- und Kongokraton – eine geochronologische Bestandsaufnahme.

S. Dürr/Mainz: Entwicklung des Grundgebirges in den Red Sea Hills, Sudan.

E. Klitzsch/Berlin: Tektonische Entwicklung und Stratigraphie Nubiens.

P. Wycisk/Berlin: Faziesentwicklung der Nubischen Serie in Nubien.

H. J. Behr et al./Göttingen: Geochemische Entwicklung vulkanogener Sedimente im Playa-Milieu des Natron-Sees (Tansania) und ihre Bedeutung für die Metallogenese.

V. Jacobshagen et al./Berlin: Zur Struktur und Entwicklung des zentralen Hohen Atlas (Marokko).

K. Görler/Berlin: Syntektonische Sedimentation kontinentalen Neogens am Südrand des Hohen Atlas (Marokko).

E. Wallbrecher/Berlin: Schertektonik im Grundgebirge des Jebel Sirwa am Nordrand des Westsahara-Kratons.

Kolloquium 1985

Geographisches Institut der Universität Marburg

Rahmenthema „Sedimentologie, Klimageschichte und Hydrologie kontinentaler Becken Afrikas"

H. Beissner & I. Valeton/Hamburg: Mineralogie und Geochemie tertiärer Lateritdecken des Jos-Plateau in Nigeria.

D. Jäkel/Berlin: Sedimentationstransport und Sedimentationsraten im Sahel Nordkordofans/Sudan in der Umgebung von Umm Bedr.

P. Wycisk/Berlin: Faziesentwicklung kontinental-flachmariner Serien im NW-Teil des Nubischen Beckensystems (Nordsudan).

E. R. Philobbos/Assiut, Ägypten (z. Zt. Berlin): Some Aspects of Regional Tectonic Control of Cretaceous and Tertiary Sedimentation in the Eastern Desert, Egypt.

U. Horstmann et al./Göttingen: Namabecken und Damara-Orogen in SWA/Namibia.

E. P. Löhnert/Münster: Geochemie und Isotopendaten von Wasserproben aus Nigeria (Poster).

I. Valeton & D. Schröter/Hamburg: Petrographie der Kalk-Ton-Phosphat-Faszies des Alttertiärs im Sokoto-Becken von NW-Nigeria (Poster).

G. Tetzlaff/Hannover: Wasser- und Wärmehaushalt von Einzugsgebieten im Bereich der Sahel für Heute, 9.000 vor heute und 18.000 vor heute

W. Vahrson/Berlin: Aspekte bodenphysikalischer Untersuchungen in SW-Ägypten – ein Beitrag zur Frage spätpleistozäner und holozäner Grundwasserbildung.

C. Sonntag/Heidelberg: Ein zeitabhängiges Modell der Paläowässer in der Ostsahara auf Grund von Isotopendaten.

H.-J. Pachur/Berlin: Holozäne Seenentwicklung in der östlichen Sahara.

Kolloquium 1986
Geologisch-Paläontologisches Institut der Universität Münster
Rahmenthema „Vulkanogene Ereignisse in der geologischen Entwicklung Afrikas"
W. Pohl/Braunschweig: Mozambidische Meta-Vulkanite in SE-Kenya – Geologie, Petrochemie und regionaler Ausblick.
L. G. J. Schermerhorn/Berlin: Panafrikanische Subduktion und Kollision im Sirwa-Dom (Anti-Atlas, Marokko).
A. Utke/Berlin: Geologisch-geochemische Untersuchungen in den spätproterozoischen Metavulkanit-Gürteln von NW-Nigeria.
H. Schandelmeier & G. Franz/Berlin: Grabenbildung und Vulkanismus in Südägypten und im Nordsudan.
K. Giessner/Eichstätt: Morphologisch-vulkanologische Entwicklung der Jebel Marra Gipfelregion (NW-Sudan).
T. Kreuser/Köln: Zur Geologie des Kilimanjaro Massivs.
T. Schlüter/Dar es Salaam: Stratigraphie und Paläontologie einer lakustrinen Phosphat-Lagerstätte bei Minjingu, Nord-Tanzania.

4.4 Zusammenarbeit mit der Dritten Welt – Sorgen, Mängel, Umdenken?

von Wolfgang Jacoby, Mainz

Einen Tag lang haben Geowissenschaftler und Verwaltungsfachleute über die Probleme bei der Zusammenarbeit mit der Dritten Welt in der geowissenschaftlichen Forschung miteinander geredet. Der Zweck des Gesprächs war wohl vor allem ein pragmatischer: die Probleme und Möglichkeiten praktischer Zusammenarbeit sollten diskutiert werden. Ich möchte die Gedanken, die mir dabei kamen, hier zu formulieren versuchen, denn ich empfand es als Mangel, daß die tieferen Ursachen der Probleme kaum zur Sprache kamen, als hätte man sich davor gescheut, sie auszusprechen. Ich glaube jedoch, daß wir keine Aussicht haben, die Probleme zu lösen, wenn wir ihre Ursachen und die Bezüge zu den allgemeinen Problemen unserer Zeit ignorieren.

Zunächst zähle ich die Sorgen auf, die im Gespräch laut wurden, um dann die tieferen Bezüge zu reflektieren und Schlußfolgerungen daraus zu ziehen, besonders in Richtung auf praktische Ansätze.

Die Sorgen:
Neue aufwendige Technologien zur Erforschung der Kruste wie Tiefen-Reflexionsseismik und Tiefstbohrungen würden unsere Kenntnisse wesentlich verbessern, aber auch den Rückstand der Dritten Welt weiter vergrößern.

Die Bemühungen, der Dritten Welt zu helfen durch Ausbildung und Ausrüstung, sind ineffektiv und oft entmutigend; Ausgebildete kehren vielfach nicht in ihre Heimatländer zurück; teure Geräte verkommen ungenutzt. Es wurden im Gespräch konkrete Beispiele erfolgreicher Zusammenarbeit vorgeführt, jedoch wurde auch klar, daß nur selten die Voraussetzungen dafür gegeben sind.

Die Information bzw. die Informationsnutzung ist auf allen Ebenen und zwischen allen Beteiligten mangelhaft; zwischen Forschern, zwischen Forschern und Förderungsinstitutionen, zwischen diesen, zwischen „Nord und Süd", zwischen den Entwicklungsländern.

Die Bürokratie behindert die Forschung in der Praxis und schon im Ansatz. Einer der Gründe dafür ist die Zersplitterung der Kompetenzen und der institutionalisierten Förderziele der verschiedenen Organisationen (etwa für Dozenturen, Informationsreisen, Geländearbeit etc.). Die Zersplitterung behindert auch den Informationsfluß.

Diese Probleme sind nicht spezifisch für die Zusammenarbeit mit der Dritten Welt. Es sind die Probleme unserer technischen Zivilisation. Warum aber bekommen wir sie so schwer in den Griff?

Streben nach Effektivität oder Effizienz sowie nach der Maximierung des materiellen Wohlstandes sind die Wurzeln „unseres Erfolges". Ohne dieses Streben, ohne diese Grundhaltung der Allgemeinheit hätten wir keine technische Zivilisation. Wir bejahen sie fast alle – und haben daher allen Grund, unsere Augen vor den negativen Folgen zu verschließen. Jedoch brauchten die negativen Folgen, die Probleme nicht so groß zu sein, wäre das Streben nach Effizienz und materiellem Wohlstand eingebettet in Streben nach Ganzheit, Menschlichkeit. Die eigentliche Wurzel unserer Probleme ist also die unreflektierte Einseitigkeit des Strebens nach Maximierung materiell meßbarer Effektivität.

Es geht mir hier nicht um Extreme, um die Profitgier weniger, um Auswüchse an Rationalisierung etc.. Es geht mir um den Zeitgeist, die allgemeine Konsumhaltung, die hohen materiellen Ansprüche, das Zurückstehen aller anderen Werte des Lebens, so als ob sich dafür später Zeit fände. Das äußert sich auch in der Abwendung von den traditionellen Religionen; das jedoch erwähne ich nur zur Charakterisierung des Zeitgeistes.

Warum hole ich so weit aus? Weil ich es einfach für unsinnig halte, über Teilprobleme, über Symptome nachzudenken, Teillösungen zu konzipieren, ohne dem Problem auf den Grund zu gehen; weil ich in oberflächlichem, geschäftigen Kurieren von Symptomen ein Ausweichen vor den eigentlichen Fragen sehe, die Suche nach einem Alibi. Weil ich mitarbeiten möchte und nicht nur so tun als ob. Weil ich keine Lust habe, meine Anstrengungen sinnlos zu vergeuden.

Es geht uns hier um konkrete Forschung, Wissenschaft. Ist es da wirklich gerechtfertigt, auf den materialistischen, „sinnlos effektiven" Zeitgeist hinzuweisen? Ich glaube, doch. Objekt der Naturwissenschaft ist schließlich die materielle Natur. Naturwissenschaft will effektiv sein und ihre Erkenntnisse meßbar objektivieren. Anders kann sie nicht funktionieren. Aber sie ist nicht das ganze Leben. Ich kann nicht umhin, auch hier in unserer vorherrschenden Haltung Einseitigkeit zu konstatieren, Blindheit unserer vielfältigen menschlichen Natur gegenüber.

Es geht uns hier um Hilfe für die Dritte Welt. Ist es da nicht ungerecht, auch dahinter Effektivitäts- und Nützlichkeitsdenken zu vermuten? Ich glaube nicht. Wir haben bis heute keine nennenswerten Skrupel, die Bodenschätze dieser Länder uns effektiv nutzbar zu machen, und der Vorwurf der Ausbeutung traf nicht nur in der Zeit des Kolonialismus zu. Außerdem bedeutet die Übertragung unseres Materialismus auf die Entwicklungsländer für diese eine besondere Gefahr. Und schließlich: helfen wir diesen Ländern, die für uns bereits offensichtlichen Fehlentwicklungen zu vermeiden? Nehmen wir ernsthaft auf ihre Empfindlichkeiten Rücksicht, versuchen wir, uns in sie hineinzufühlen? Tun wir das je? Gestatten wir den Menschen aus den Entwicklungsländern, uns zu kritisieren, ohne beleidigt zu reagieren? Wäre Kritik nicht berechtigt?

Ich habe eingangs gesagt, daß ich die Beziehungen zwischen den genannten Sorgen und den Problemen unserer Zeit konkretisieren will.

Die Dritte Welt bleibt immer weiter zurück. Machen wir uns doch nicht vor, wir könnten das ändern, wenn wir unser einseitiges Effizienz- und Erfolgsstreben ungehemmt weiter ausleben, ohne auf die Zurückbleibenden zu warten, ohne auf manches Mögliche zu verzichten, zugunsten anderer. Wir **machen** uns hier etwas vor. Wir müssen verzichten. Das ist eine Utopie – ein Ziel, eine Alternative existiert nicht.

Hochschulabsolventen aus der Dritten Welt gehen vielfach in ihre Heimatländer nicht mehr zurück, die sie zwar brauchen, aber ihnen nicht das Leben bieten können, das sie als Studenten kennengelernt haben. Sie tun damit genau das, was für uns selbst selbstverständlich ist. Mit welchem Recht werfen wir ihnen das vor? Welcher wesentliche Unterschied besteht zwischen dem Streben dieser Menschen nach den Bequemlichkeiten unserer Zivilisation und dem Streben etwa vom Land in die Stadt? Weisen wir bei den anderen nicht allzu leicht auf die drohenden Fehlentwicklungen hin, die wir schon kennen und bei uns selbst als unabwendbar entschuldigen? Dürften wir nicht eigentlich die Opfer, die wir von anderen erwarten, nur uns selbst abverlangen? Ich wiederhole: müßten wir nicht selbst verzichten lernen? Sicherlich: eine Utopie!

Die Unfähigkeit, die Informationsflut zu bewältigen, ist ein alle Lebensbereiche erfassendes Problem. Es handelt sich primär um ein Zuviel an Information oder genauer: um zu hohe Informations**raten** im Verhältnis zu unserer Aufnahmekapazität. Hier sind Vorwürfe fehl am Platze. Wer etwa kann sein Fach, ja sein eigenes Spezialgebiet, noch zufriedenstellend verfolgen, ohne seine ganze Zeit mit dem Lesen von Fachaufsätzen zu verbringen? Ganz zu schweigen von den Mitteilungen von Institutionen, Organisationen, Verwaltungen. Selbst die Verwaltungsleute geben im privaten Gespräch zu, daß sie selbst hier überfordert sind. Mangel an Informierungswilligkeit und Aufnahmebereitschaft hat sicher auch hier Wurzeln; unter den gegebenen Umständen eine Atmosphäre von Informationsbereitschaft zu schaffen, erfordert große, bewußte Anstrengungen, oder bewußte Einschränkung – Verzicht!

Bürokratie, gleich ob bei uns oder in den Entwicklungsländern, ist im Bereich der Verwaltung Effektivität an sich, gepaart mit Mißtrauen gegenüber den Verwalteten (die dies dann sicher auch umso mehr zu rechtfertigen suchen). Wenn Perfektionismus hinzukommt, führt das in der Massengesellschaft zu übermäßiger Reglementierung und Vergesetzlichung. Jedem ist klar, daß menschliche Entfaltung – auch in der Forschung – dabei erstickt, und doch kommen wir nicht dagegen an – oder wir finden mehr oder weniger verbotene Schlupflöcher. Oder eben: man verzichtet auf das Streben nach äußerster Verwaltungseffizienz und geht zugunsten menschlichen Vertrauens gewisse Risiken ein.

Ich hatte mir vorgenommen, zu praktischen Ansätzen zu kommen. Tatsächlich kann ich nicht viel bieten, sicher kein Rezept. Gesellschaftliche Haltungen ergeben sich aus den Haltungen Einzelner, etwa der Aufbauwille der Nachkriegszeit, Mut zu unkonventionellen Entscheidungen, Suche nach neuen Wegen. Haben wir dazu überhaupt eine Chance, ehe eine Katastrophe uns aufrüttelt?

Verwaltungen gehören zu den gern verkrustenden Strukturen. Mein – utopisch konkreter – Vorschlag lautet, Verwaltungen generell in Abständen auf den Kopf zu stellen. Das ist unmöglich, höre ich einwenden, die Effizienz! Eben!

Bei unserem Thema geht es um Forschung in und mit der Dritten Welt, also auch um Forschungsreisen. Will man die Zusammenarbeit fördern, muß man neben den notwendigen Mitteln auch für Anreiz sorgen. Ich setze voraus, daß Antragsteller wissenschaftliche Motive haben – warum aber nicht auch „menschliche"? Geht es nicht auch um Entdeckungsreisen? Ich glaube, sowas kennt das Reisekostenrecht nicht, nur befohlenen Dienst. Eigeninteresse wird gegen mich aufgerechnet. Müßte ich da als Forscher nach einer selbstbestimmten Dienstreise bei der Abrechnung nicht ein schlechtes Gewissen haben, ja die Kosten selbst tragen? Oder ist unsere ganze Reisekostenphilosophie – nein allgemeiner: Dienstphilosophie – schief, die strikte Trennung von Dienst und Privatem? Darf Arbeit keine Freude machen, tut Privates das automatisch? Muß Pflicht unliebsam sein? In den USA, z. B. beim United States Geological Survey (USGS), geht man

54

so weit, kombinierte Dienst- und Urlaubsreisen zu verbieten; müßte man nicht umgekehrt die eigene Motivation stärken, statt sie zu unterdrücken? Es mag manchmal unumgänglich sein, daß fremdbestimmte Pflicht im Vordergrund steht. Für Forschung trifft das nicht zu. Zwar kann man die Verpflichtung zu Forschung (und Lehre) festschreiben, nicht aber vorschreiben; ich selbst muß diese Verpflichtung aus eigenem Antrieb eingehen. Die Vorstellung, man könne Gerechtigkeit dadurch herstellen, daß man die Selbstbestimmung auch denen noch wegnimmt, die sie noch haben, ist unsinnig (frei nach Oscar Wilde). Der umgekehrte Weg bietet sich an; sonst nämlich zerstört man das Leben und verbaut sich die Ziele, die man sich selbst gesetzt hat. Wir sind hier in einer Sackgasse angekommen und kommen aus ihr nur heraus, wenn wir umkehren.

Wie man sieht, ist selbst mein konkreter Vorschlag utopisch. Weiß jemand einen anderen?

Noch etwas Utopisch-Konkretes. Wäre es nicht durchaus denkbar, Tiefenreflexionsseismik in einem Entwicklungsland mit den Forschern dieses Landes zusammen durchzuführen? Die zusätzlichen Kosten und Schwierigkeiten sind relativ nicht so hoch, daß das unmöglich wäre. Die Industrie tut ähnliches ständig. Bei ihr ist Gewinn das Motiv. Ist das wirklich das einzige zählende Motiv? Dann kommen wir aus der Sackgasse wohl nicht heraus.

Ich bin **nicht** der Meinung, daß ich den Stein der Weisen gefunden hätte; daß wir die besprochenen Probleme einfach so lösen können, indem wir das große Problem lösen, oder indem wir – wie die „Grünen" – sich widersprechende Ziele ohne Rücksicht auf das Wohl des Ganzen durchsetzen. Wir müssen Einzelprobleme angreifen. Aber nicht, indem wir Symptome kurieren. Beides zusammen: Einzelaufgaben und die ferne Utopie müssen ins Auge gefaßt werden. Nur so haben wir eine Chance.

Es scheint mir wieder einmal an der Zeit, daran zu erinnern.

5 Das Internationale Geologische Korrelations-Programm (IGCP) – Aktuelle Beiträge der Bundesrepublik Deutschland

von Willi Ziegler, Frankfurt, F. Wolfgang Eder, Göttingen, Johannes Karte und Hans-Dietrich Maronde, beide Bonn

5.1 Einleitung

Das 1972 von der Internationalen Union für Geowissenschaften (IUGS) und der UNESCO gemeinsam ins Leben gerufene *„International Geological Correlation Programme"* (IGCP) erfreut sich nach wie vor eines großen internationalen Interesses.

Im Verlauf der letzten Jahre hat sich die Programmzielrichtung des IGCP aber allmählich gewandelt. Statt begrenzter Korrelationsprojekte werden nun zunehmend aussagekräftige, geowissenschaftliche Vorhaben in die Programm-Palette einbezogen, wie z. B. Metamorphose und Geodynamik, Präkambrische „events" in Gondwana, „Terrains" im Zirkum-Atlantik oder globale, biologische und seltene „events" im Verlauf der Erdgeschichte. Darüber hinaus werden in jüngster Zeit Projekte von unmittelbarer sozio-ökonomischer Auswirkung favorisiert, so unter anderen Themen wie Phosphorite, Entwicklung organischen Materials, Sulfid-Lagerstätten, Paläo-Hydrologie, Zinn-Wolfram-Mineralisationen oder Quartärgeologie.

Die Tatsache, daß geowissenschaftliche IGCP-Kooperationsvorhaben mit und in Ländern der Dritten Welt zunehmend an Bedeutung gewinnen, und die Einbindung von IGCP-Planungen in die anderer geo-orientierter Großprogramme, wie z. B. des *Internationalen Lithosphären Programms* (ILP) oder des geplanten *Geosphären-Biosphären-Programms* (IGBP), haben dazu beigetragen, daß das IGCP außerordentlich stark von seinen Mitgliedsstaaten unterstützt wird. Das führte dazu, daß – trotz finanzieller Schwierigkeiten, die der UNESCO durch die Austritte von u.a. USA und Großbritannien entstanden, – das IGCP-Budget für 1986/87 um 13 % angehoben worden ist.

Alle erwähnten Umstände werden auch langfristig für eine starke Anziehungskraft des IGCP und somit für eine noch effektivere Nutzung der im Rahmen dieses Programms verfügbaren wissenschaftlichen Möglichkeiten sorgen.

Über Organisation und Durchführung des IGCP sowie die Möglichkeiten zur Mitarbeit an IGCP-Forschungsvorhaben berichtete zuletzt 1979 W. ZIEGLER im *Mitteilungs-Heft VIII der Kommission für Geowissenschaftliche Gemeinschaftsforschung;* zwischenzeitlich sind keine gravierenden Änderungen eingetreten, allerdings erhöhte sich die Zahl der mittlerweile beratenen IGCP-Projekte auf 250.

Zur Zeit laufen etwa 50 Projekte mit den verschiedensten, z. T. global orientierten Fragestellungen. Einen aktuellen Überblick ermöglicht die *Nr. 14 der „Geological Correlation",* die über das IGCP-Sekretariat der UNESCO, Place de Fontenoy, 75700 Paris, zu beziehen ist.

Die bundesdeutsche Beteiligung am IGCP wird nach wie vor durch einen von der *DFG* und ihrer *Senatskommission für Geowissenschaftliche Gemeinschaftsforschung* nominierten Landesausschuß koordiniert. Dieser **Deutsche Landesausschuß** ist 1985 in seiner personellen Zusammensetzung verändert worden und besteht derzeit aus den folgenden Herren, die bei einschlägigen Fragen nach Kräften zur Verfügung stehen:

Vorsitzender: Prof. Dr. W. Ziegler, Frankfurt

Mitglieder: Prof. Dr. K. von Gehlen, Frankfurt
Prof. Dr. K. Hinz, Hannover
Prof. Dr. E. Klitzsch, Berlin
Prof. Dr. M. Schidlowski, Mainz
Prof. Dr. R. Vinken, Hannover
Prof. Dr. O. H. Walliser, Göttingen
Prof. Dr. I. Wendt, Hannover

Ständige Gäste: L. R. H. Müllers, Bonn, Auswärtiges Amt
Dr. F. Precht, Bonn, Deutsche UNESCO-Kommission

5.2 Die Aktivitäten der Bundesrepublik Deutschland im Rahmen des IGCP – 1985/86

Die innerhalb des DFG-Schwerpunktprogramms *„Geologische Korrelationsforschung"* (von 1972–1976) zusammengetragenen Arbeiten bringen auch jetzt noch ihre Früchte. So sind z. B. in den Jahren 1984 und 1985 Abschlußberichte derjenigen Projekte erschienen, die sich mit der Vergleichbarkeit biostratigraphischer, geophysikalischer und petrographischer Korrelations- und Datierungsmethoden anhand definierter Profile aus Kreide und Tertiär in der Bundesrepublik befaßten und zum IGCP-Vorhaben Nr. 89 *„Calibration of stratigraphic methods"* beitrugen.

Nach wie vor ebenfalls aktuell sind die aufwendigen kartographischen und tabellarischen Abschlußarbeiten zum IGCP-Vorhaben Nr. 124 *„Northwest European Tertiary Basin",* dessen zusammenfassende Darstellung unter der Federführung von R. Vinken demnächst publiziert werden soll.

Vergleichende geowissenschaftliche Untersuchungen zur Genese schichtgebundener sulfidischer Erzkonzentrationen, die ebenfalls im Rahmen des DFG-Schwerpunktprogramms *„Geologische Korrelationsforschung"* gefördert wurden, sind 1985 veröffentlicht worden (German Geological Correlation Program, Part C: Stratabound Sulfide Ore Deposits in Central Europe; Edit. K. von Gehlen, 1985, Geol. Jb., D **70**, 262 pp.).

Neben diesen, auf langjährigen Vorarbeiten beruhenden Aktivitäten sind Geowissenschaftler der Bundesrepublik Deutschland zur Zeit (nach unserer Kenntnis) an 38 aktuellen IGCP-Vorhaben unterschiedlichster Zielsetzung beteiligt. Die Tabelle 5-1 soll einen zusammenfassenden Überblick über die derzeitige bundesdeutsche Beteiligung ermöglichen; ergänzende Bemerkungen zu einzelnen IGCP-Vorhaben sind in den nachfolgenden Abschnitten *„Projekte unter maßgeblich bundesdeutscher Leitung",* *„Projekte mit Beteiligung deutscher Forschergruppen"* und *„Projekte mit Beteiligung deutscher Einzelforscher bzw. Beobachter"* aufgeführt.

Tabelle 5-1: Aktivitäten der Bundesrepublik Deutschland im Rahmen des IGCP (Stand 1985)

Projekt-Nr./Titel/Leiter/Laufzeit	Beteiligte Geowissenschaftler
5 Correlation of Prevariscan and Variscan events of the Alpine-Mediterranean mountain belts: H. W. Flügel und F. Sassi (1976–1986)	Engel, Franke, Heinisch, Kleinschmidt, Bechstädt mit A.gr.
24 Quaternary glaciations in the Northern hemisphere: J. Macoun (1974–1983)	Brunnacker, Frenzel
41 Neogene-Quaternary boundary: K. V. Nikiforova (1974–1984)	Tobien
58 Mid-Cretaceous events: R. A. Reyment (1974–1982, O.E.T)	Ernst, Wiedmann
86 East European platform (S. W. Border): K. B. Jubitz (1974–1985)	Kockel, Paproth, Walliser, Walter
92 Archaean geochemistry: A. M. Goodwin (1974–1983)	Kröner
120 Magmatic evolution of the Andes: E. Linares (1975–1985)	Miller mit Arbeitsgruppe
124 North-West European Tertiary basin: R. Vinken (1975–1982)	Vinken, Anderson, Benda, von Daniels, Benedek, Bühmann, Fay, Gramann, Hagn, Hinsch, Kaever, Meiburg, Kreuzer, Kuster-Wendenburg, Malz, Martini, Müller, Meyer, Pflug, Ringele, Ritzkowski, Strauch, Tobien, Uffenorde, Voigt et al.; Thiede und Arbeitsgruppe
129 Lateritization processes: P. K. Banerji (1975–1983)	Valeton, Kallenbach, Wycisk, Matheis
156 Phosphorites: P. J. Cook und J. H. Shergold (1977–1984)	K. J. Müller, Hinz, Friedrich, Germann, Schröter, Schidlowski, Walossek
157 Early organic evolution and mineral and energy resources: M. Schidlowski (1977–1987)	Schidlowski, Krumbein, Wiggering, von Gehlen

Tabelle 5-1: Fortsetzung

Projekt-Nr./Titel/Leiter/Laufzeit	Beteiligte Geowissenschaftler
158 Palaeohydrology of the temperate zone: L. Starkel und B. Berglund (1977–1987)	J. Schneider, Geyh, J. Hagedorn et al.
160 Precambrian exogenic processes: K. Laajoki (1977–1986)	Reimer, Schidlowski, Wiggering
164 Pan-African crustal evolution: A. Al-Shanti (1978–1984)	Kröner mit Arbeitsgruppe; Schandelmeier Franz
165 Regional stratigraphic correlation of the Caribbean: J. L. Yparraguirre (1983–1987)	Schmidt-Effing
171 Circum-Pacific Jurassic: G. E. G. Westermann (1981–1985)	von Hillebrandt, Zeiss, Schmidt-Effing, R. Fischer, Rosenfeld, Gröschke, Prinz, Wilke
174 Geological events at the Eocene-Oligocene boundary: Ch. Pomerol (1980–1985)	Tobien, Vinken, Gramann, Hagn, Ritzkowski, Sonne, von Hillebrandt mit Arbeitsgruppe
179 Stratigraphic methods as applied to the Proterozoic record: J. Sarfati et al. (1981–1985)	Porada
184 Palaeohydrology of low latitude deserts: C. R. Lawrence (1981–1985)	Klitzsch, Thorweihe
187 Siliceous deposits: J. R. Hein (1982–1986)	Schmidt-Effing
191 Cretaceous palaeoclimatology: E. J. Barron (1982–1986)	Bowitz, Germann
192 Cambro-Ordovician development in Latin-America: B. A. J. Baldis (1982–1986)	Erdtmann, Miller, Zeil et al.
193 Siluro-Devonian of Latin-America: M. A. Hünicken (1982–1986)	Ziegler, Zeil
196 Calibration of the Phanaerozoic time scale: G. S. Odin, N. H. Gale (1983–1987)	Lippolt, Kreuzer, Baumann, Fuhrmann, Grauert, Haack, Höhndorf, Hess, Wendt, Fischer/Seibertz, Friedrichsen, Jessberger

Tabelle 5-1: Fortsetzung

Projekt-Nr./Titel/Leiter/Laufzeit	Beteiligte Geowissenschaftler
198 Evolution of the northern margin of the Tethys: M. Rakús (1983–1987)	Zeiss, Herm, Weidlich
199 Rare events in geology: K. J. Hsü (1983–1987)	Erben, Walliser
200 Sea-level correlation and applications: P. A. Pirazzoli (1983–1987)	Carls, Figge, Groten, Grün, Kelletat, Klug, Linke, Meischner, Rohde, Zimmermann, Brückner, Radtke, Thiede
210 Continental sediments in Africa: C. A. Kogbe (1983–1987)	Klitzsch, Wycisk, Hankel, Wopfner, Kreuser, Markwort, Boenigk, Behr m. A.gr.
215 Proterozoic fold belts: R. Caby (1984–1989)	Kröner, Greiling, Dürr, Büchel, Jacoby, Hofmann, Todt, Jochum plus Arbeitsgruppe
216 Global biological events in earth history: O. H. Walliser (1984–1988)	Walliser mit Arbeitsgruppe, Erdtmann, Ziegler, Erben, Buggisch, Pflug, Carls, Ernst, E. Flügel mit Arbeitsgruppe
217 Proterozoic geochemistry: K. C. Condie (1984–1988)	Kröner, Arndt, Hofmann, Jochum plus Arbeitsgruppe
219 Comparative lacustrine sedimentology through space and time: K. Kelts (1984–1988)	Pachur, J. Schneider, Riegel, Franzen, Schaarschmidt et al., Füchtbauer
227 Magmatism of Extensional Regions: A. B. Kampunzu und R. T. Lubala (1985–1989)	Schandelmeier, Franz, SFB 108, Karlsruhe; SFB 69, Berlin u. a.
233 Terranes in the Circum-Atlantic Palaeozoic orogens: J. D. Keppie und R. D. Dallmeyer (1985–1989)	Franke, Walter, Weber, Frisch et al.
235 Metamorphism and geodynamics: L. L. Perchuk und M. Brown (1985–1989)	Schreyer, Althaus
245 Non-marine Cretaceous correlations: N. J. Mateer, Chen Pei-ji (1986–1989)	Riegel u. a.

Tabelle 5-1: Fortsetzung

Projekt-Nr./Titel/Leiter/Laufzeit	Beteiligte Geowissenschaftler
249 Andean magmatism and its tectonic setting: M. A. Parada, C. Rapela (1986–1990)	Hub. Miller u. Arbeitsgruppe, Zeil, Amstutz
250 Regional crustal stability and geological hazards: Chen Qingxuan (1986–1987)	Langer u. a., Krauter

Im Band 13 der „Geological Correlation" sind weitere deutsche Aktivitäten aufgeführt in den Projekten 29, 111, 166, 169, 197, 220 und 224; über die deutsche Beteiligung an diesen Projekten sind dem Landesausschuß „IGCP" keine Informationen zugegangen.

5.3 Projekte unter maßgeblich bundesdeutscher Leitung

IGCP-Vorhaben Nr. 124
„North-West European Tertiary basin"
(Projektleiter: R. Vinken, vormals H. Tobien)

Auf dieses von 1975 bis 1983 unter deutscher Leitung betriebene Projekt ist bereits im Vorspann verwiesen worden. Daten zur Sedimentologie, Lithostratigraphie, Biostratigraphie und absoluten Altersbestimmungen werden zur Zeit mittels Texten, Tabellen, Karten und Profilabschnitten für die Publikation zusammengestellt; Haupt-Herausgeber des für die Veröffentlichung in der Reihe A des Geologischen Jahrbuches vorgesehenen Abschlußbandes ist R. Vinken. Projekt-Ergebnisse wurden publiziert von: Anderson, Benda, von Daniels, Benedek, Bühmann, Fay, Gramann, Hagn, Hinsch, Kaever, Meiburg, Kreuzer, Kuster-Wendenburg, Malz, Martini, Müller, Meyer, Pflug, Ringele, Ritzkowski, Strauch, Thiede mit A.gr., Tobien, Uffenorde, Vinken, Voigt u.a..

Die innerhalb des IGCP 124 praktizierte internationale und interdisziplinäre Kooperation wird möglicherweise eine Fortsetzung finden, wenn einem Aufruf des **IUGS-Regional Committee on Northern Neogene**

Stratigraphy vom November 1985 Folge geleistet wird und das Planungstreffen Ende 1986 stattgefunden hat.

Inwieweit marin-geowissenschaftliche Arbeiten des seit 1985 laufenden Sonderforschungsbereichs 313 „Sedimentation im Europäischen Nordmeer", Kiel, die tertiäre Sedimente auf dem Vøring-Plateau umfassen, mit in künftige IGCP-Planungen einzubeziehen sind, bleibt abzuwarten. Zusätzlich werden in Kiel bio- und lithostratigraphische Untersuchungen von Bohrproben aus der Nordsee vorgenommen (Arbeitsgruppe J. Thiede).

IGCP-Vorhaben Nr. 157
„Early organic evolution and mineral and energy resources"
(Projektleiter: M. Schidlowski)

In diesem Vorhaben geht es um die organisch-geochemische, isotopenchemische und paläontologische Entwicklung im Hinblick auf die Entstehung des Lebens und die episodische Bildung präkambrischer und altpaläozoischer Lagerstätten, besonders von Buntmetallen und Kohlenwasserstoffen.

M. Schidlowski, der seit 1978 mit der Projektleitung betraut ist, hat im *Mitteilungs-Heft XIV der Senatskommission für Geowissenschaftliche Gemeinschaftsforschung* (1985) einen umfassenden Überblick über Zielsetzung und Zwischenergebnisse des Projekts geliefert. Das Projekt versteht sich als „interdisziplinärer Stoßtrupp zur Förderung und Koordinierung von Arbeiten im Grenzbereich von Evolutions-Biologie, organischer Geochemie und Lagerstättenkunde". Die folgenden vier Themenkreise sind in dem Projekt abgegrenzt: **Präkambrische Verwitterungshorizonte, Organische Bestandteile präkambrischer Sedimente mit besonderer Berücksichtigung prädevonischer Erdöle; Alter der bakteriellen Sulfatreduktion** und **Fossile mikrobielle Ökosysteme von „stromatolithischem" Typ und ihre rezenten Erscheinungsformen.** Maßgeblich am letztgenannten Themenkreis beteiligt ist W. E. Krumbein, Oldenburg. Weitere, thematisch mit dem IGCP 157 verknüpfte Arbeiten werden von den Arbeitsgruppen Wiggering, Essen, und von Gehlen, Frankfurt, durchgeführt.

Neben einer Anzahl regionaler Konferenzen hat das Projekt 157 einige vielbeachtete internationale Symposien ausgerichtet, z. B. im Jahr 1985 in Raleigh (USA, North Carolina State University); das jüngste Projekt-Symposium hat im August 1986 in Canberra/Australien anläßlich des 12. Internationalen Sedimentologie Kongresses stattgefunden. Die Abschlußkonferenz des Projekts soll – auf Vorschlag des Deutschen

Landesausschusses „IGCP" – 1988 in der Bundesrepublik Deutschland veranstaltet werden.

IGCP-Vorhaben Nr. 210
„Continental sediments in Africa"
(Projektleiter: C. A. Kogbe, E. Klitzsch, J. Lang)

Die Untersuchungsobjekte dieses Projekts befassen sich mit der Korrelation und Klassifikation der kontinentalen Sedimente Afrikas einschließlich der Karroo-Ablagerungen, mit stratigraphischen und palökologischen Problemen, mit der Strukturanalyse ausgewählter Beckenbereiche, mit Fe-Horizonten, zudem mit der sozio-ökonomischen Bedeutung der untersuchten Sedimente und mit hydrogeologischen und paläohydrogeologischen Bilanzen.

Sehr eng eingebunden in diese Fragestellungen sind Arbeiten des SFB 69, Berlin, „Geowissenschaftliche Probleme in ariden Gebieten" (E. Klitzsch); hier wird in Zusammenarbeit mit ägyptischen und sudanesischen Geologen die stratigraphische Gliederung und Korrelation kontinentaler Serien, einschließlich einer Beurteilung der Grundwassersituation, vorgenommen. Der nationale Informationsfluß wird ebenfalls über den SFB 69 gesteuert (G. Matheis).

Mit den Grabensedimenten des Ostafrikanischen Systems vom Lake Natron bis zum Lake Manyana befassen sich die Arbeitsgruppen W. Boenigk, Köln, und Behr-Mushi-Heinrichs-A. Schneider, Göttingen. Die stratigraphische Gliederung des Luwegu-Beckens (Tanzania) ist weitgehend gelöst (O. Hankel, Gießen; E. Klitzsch, Berlin).

Eine weitere Kölner Gruppe um H. Wopfner, T. Kreuser und S. Markwort befaßt sich in enger Kooperation mit dem Geological Survey von Tanzania und der Universität Dar es Salaam mit einer Beckenstudie (Ruhuhu-Becken) in SW-Tanzania, die auch Auskünfte über das Lagerstättenpotential geben soll. Vorgesehen ist eine Kooperation zwischen dem Berliner SFB 69, H. Wopfner und H. D. Pflug.

IGCP-Vorhaben Nr. 216
„Global biological events in earth history"
(Projektleiter: O. H. Walliser)

Die Untersuchungen dieses 1984 ins Leben gerufenen Projekts zielen auf ein besseres Verständnis der Einflüsse von global wirksamen geologischen Prozessen und Ereignissen auf die Biosphäre. Insbesondere sollen Mechanismen der Evolution zu Zeiten weltweiter biologischer Umschwünge erfaßt werden.

Die Grundsatzfragen von IGCP-216 lassen sich folgendermaßen zusammenfassen:

1. Erfassung derjenigen abiotischen (geologischen) Prozesse und Ereignisse, die weltweite biologische Konsequenzen zur Folge haben (Geologische Faktoren-Analyse),
2. Rekonstruktion des umfassend wirksamen Einflusses globaler geologischer Ereignisse auf die Biosphäre oder Teile von ihr (Ökologische Faktoren-Analyse),
3. Abschätzung der Auswirkungen globaler Ereignisse auf die biologische Evolution und deren Mechanismen (Evolutions-Faktoren-Analyse),
4. Präzisierung stratigraphischer Zeitskalen und der Korrelations-Methoden durch eine Abstimmung von Biostratigraphie und Ereignis-Abfolge (Chronologische Faktoren-Analyse).

Die Fragestellungen werden in interdisziplinärer Zusammenarbeit an ausgewählten Schlüsselprojekten verfolgt und in engem Kontakt zu anderen Vorhaben, z. B. zum IGCP-199, „Rare events in geology", diskutiert.

Zur intensiven Bearbeitung sind ausgewählt worden: Ereignisse im späten Präkambrium (D. Pflug), die Grenzen Kambrium/Ordovizium und Ordovizium/Silur sowie insbesondere die Graptolithen-Evolution im frühen Ordovizium (B. Erdtmann, O. H. Walliser). Zahlreiche Arbeiten befassen sich mit dem Devon, das hinsichtlich seiner „events" später einmal mit der Kreide verglichen werden soll (u. a. beteiligt Arbeitsgruppe E. Flügel). Deutsche Wissenschaftler sind eingebunden in die Erforschung des „otomari-events" (Schwarzschiefer, Mittel-Devon), des „Kellwasserevents" (Frasne/Famenne-Grenze) und der Devon/Karbon-Grenze (u. a. O. H. Walliser, W. Ziegler, H. Jahnke, F. Langenstrassen, H. Uffenorde, A. Henn, P. Carls und W. Buggisch). Als weitere Ziele seien hier genannt: Klima-Wechsel und Pflanzen-Entwicklung im Spätpaläozoikum, Perm/Trias-Grenze, Ammoniten des Jura (an der Grenze Callovian/Oxfordian), Verfeinerung der „Kreide-events" und der Kreide/Tertiär-Grenze (Arbeitsgruppen H. K. Erben und G. Ernst) sowie die Beziehung zwischen quartären Vereisungen und der Entwicklung der Säugetiere.

Zur Zeit sind Geowissenschaftler aus 27 Nationen am Projekt beteiligt. Ein erster internationaler Workshop fand vom 21. bis 24. Mai 1986 in Göttingen als 5. „Alfred-Wegener-Konferenz: Global Bio-Events" mit großem Erfolg statt.

5.4 Projekte mit Beteiligung deutscher Forschergruppen

IGCP-Vorhaben Nr. 86
„East European platform (S. W. Border)"
(Projektleiter: K. B. Jubitz)

Ziel des von Wissenschaftlern der DDR veranlaßten Projekts ist die Erfassung der geologischen Entwicklung des südwestlichen Randgebiets der osteuropäischen Tafel zwischen Nordsee und Schwarzem Meer in verschiedenartigsten Karten. Aus der Bundesrepublik arbeiten mit: Frau E. Paproth, Krefeld; F. Kockel, Hannover; R. Walter, Aachen; O. H. Walliser, Göttingen; und W. Ziegler, Frankfurt. Offenkundig technische Probleme bei der Kartenerstellung behindern den regulären Abschluß dieses Vorhabens, das offiziell als IGCP-Projekt 1985 auslaufen sollte.

IGCP-Vorhaben Nr. 92
„Archaean geochemistry"
(Projektleiter: A. M. Goodwin)

Der offizielle Abschlußbericht dieses von 1974 bis 1983 als IGCP-„Leading Project" betriebenen Projekts ist 1984 publiziert worden; Haupt-Herausgeber ist A. Kröner, Mainz (Titel: *Archaean Geochemistry – The Origin and Evolution of the Archaean Continental Crust.* – Edits. A. Kröner, G. N. Hanson, A. M. Goodwin; Springer Verlag, 1984)

Eine Fortsetzung der Projektthematik ist mit dem Projekt Nr. 217 „*Proterozoic geochemistry*" (Leiter: K. C. Condie) realisiert worden.

IGCP-Vorhaben Nr. 120
„Magmatic evolution of the Andes"
(Projektleiter: E. Linares)

Die Koordinierung der deutschen Arbeiten zu diesem Vorhaben geschieht in der DFG-Arbeitsgruppe „*Geowissenschaftliche Forschungen in Lateinamerika*", und hier insbesondere durch deren derzeitigen Vorsitzenden, H. Miller, München.

Das Projekt endete offiziell mit einem Schlußsymposium im November 1985 in Santiago de Chile, an dem H. Miller teilnahm. In den letzten Jahren sind Ergebnisse in zwei Sammelschriften veröffentlicht worden, die erste im Anschluß an ein Symposium im Rahmen des Internationalen Geologen-Kongresses Paris 1980, die zweite im Anschluß an den V. Lateinamerikanischen Geologen-Kongreß in Buenos Aires 1982 (Linares et al. (Edits.) *„Magmatic evolution of the Andes"*, Earth Sci. Rev., 1982, **18** (3/4): 199–443; Amsterdam; *Symposio Evolución Magmática de los Andes,* 1982, Actas V. Congr. Lat. am. Geol., **3**: 401–584, Buenos Aires).

Die Arbeit der Projekt-Mitglieder war sehr stark auf isotopengeochronologische Altersbestimmungen konzentriert. Hier sind besondere Neuerkenntnisse, vor allem auf dem Gebiet der bisher recht unbekannten präandinen Alter Kolumbiens, West- und Süd-Argentiniens sowie im Bereich der andinen Vulkanite Chiles, erzielt worden. Zu diesem Projekt haben durch Veröffentlichungen beigetragen: P. Fischbach, M. Knüver, H. Miller, M. Reissinger, H. Tembusch, A. P. Willner, G. Bachmann, B. Grauert, U. S. Lottner u. a..

IGCP-Vorhaben Nr. 160
„Precambrian exogenic processes"
(Projektleiter: K. Laajoki)

Intensiver Kontakt zu diesem Projekt wird von den Herren Reimer, Wiesbaden, Wiggering, Essen, und Schidlowski, Mainz, gehalten.

IGCP-Vorhaben Nr. 164
„Pan-African crustal evolution"
(Projektleiter: A. Al-Shanti)

Dieses 1984 offiziell beendete Projekt hat sich der Erfassung der Evolution von Struktur und Zusammensetzung der panafrikanischen Kristallingesteine in Arabien, Afrika und Amerika sowie der Ursachen ihrer Mineralisierung angenommen. Das letzte internationale Treffen des IGCP-164 fand 1982 in Jeddah unter Beteiligung der Arbeitsgruppe Kröner, Mainz, statt. Die „Proceedings" dieses Treffens sollen 1985 publiziert worden sein.

Die Aktivitäten des Projekts sind weitgehend durch neuere Fragestellungen im Rahmen des Internationalen Lithosphären-Programms aufgefangen worden; zudem wird sich ein Teil der Arbeiten im arabisch-nubischen Schild in Zukunft innerhalb des IGCP-Projekts Nr. 215, *„Proterozoic fold belts"*, abspielen.

Ein Teilprojekt des Berliner SFB 69, *„Geowissenschaftliche Probleme in ariden Gebieten"*, hält weiterhin Kontakt zu Jeddah und kooperiert innerhalb der Themen „Grundgebirge und Regionaltektonik" durch geochronologische Arbeiten mit dem British Geological Survey (Snelling). An diesen und weiteren geochronologischen Arbeiten im Nordsudan, die auf die Abgrenzung von „Pan-afrikanisch juvenil" von „Pan-afrikanisch remobilisiert" zielt, sind beteiligt die Arbeitsgruppen Schandelmeier und Franz.

IGCP-Vorhaben Nr. 171
„Circum-Pacific Jurassic"
(Projektleiter: G. E. G. Westermann)

An den weitgefaßten Fragen dieses Projekts (Jura der pazifischen Region, einschließlich des Ozeanbodens) beteiligt sich eine größere Gruppe deutscher Geowissenschaftler.

Im Rahmen der DFG-Forschergruppe „Mobilität aktiver Kontinentalränder", die aus Geowissenschaftlern der Technischen und Freien Universität Berlin besteht, befaßt sich die Arbeitsgruppe A. von Hillebrandt (M. Gröschke, P. Prinz, H.-G. Wilke) schwerpunktmäßig mit Untersuchungen im andinen Jura, die auch paläontologische, stratigraphische und sedimentologische Ziele verfolgen.

U. Rosenfeld, Münster, arbeitet zusammen mit W. Volkheimer, Argentinien, vorwiegend im Jura des westlichen und südlichen Argentinien, um durch sedimentgeologische und palynologische Methoden eine Beckenanalyse, insbesondere des Neuquén-Beckens, zu erstellen.

A. Zeiss, Erlangen, führt Untersuchungen an oberjurassischen Ammoniten von Neu-Guinea durch und ist an einer multidisziplinären stratigraphischen Bearbeitung oberjurassischer Sedimente in Mexiko beteiligt.

Durch die Teilnahme an Field-Meetings und Tagungen haben neben A. von Hillebrandt (als National-Delegierter der Bundesrepublik gewählt), U. Rosenfeld und A. Zeiss auch die Herren R. Fischer und R. Schmidt-Effing sich an den Fragestellungen des Projekts beteiligt. Das 3. Field-Meeting des Projekts fand in Japan (14. bis 20. 10. 1985, Tsukuba-Honshu) mit Beteiligung der Herren von Hillebrandt und Zeiss statt.

IGCP-Vorhaben Nr. 174
„Geological events at the Eocene-Oligocene boundary"
(Projektleiter: Ch. Pomerol)

In diesem – 1985 beendeten – Vorhaben sollten vollständige, kontinuierliche Profile dieses Zeitabschnitts auf dem Kontinent und vom Ozeanboden (DSDP-Bohrungen) bearbeitet werden, um Modifikationen bezüglich Evolutionsrate, Klimawechsel, Meeresspiegelschwankungen, Isotopenzusammensetzung, magnetischen Polarität, Biotopverteilung oder auch extraterrestrischer Einflüsse zur Korrelation und Interpretation dieses offenkundig bedeutenden Zeitabschnitts mit heranziehen zu können.

An der Arbeit dieses Projekts waren beteiligt Arbeitsgruppen um F. Gramann, Hannover, H. Hagn, München, S. Ritzkowski, Göttingen, V. Sonne, Mainz, H. Tobien, Mainz, und A. von Hillebrandt, Berlin. Die Ergebnisse dieser Gruppen werden in den Abschlußband des Vorhabens einfließen, der zur Zeit vorbereitet wird.

IGCP-Vorhaben Nr. 184

„Palaeohydrology of low latitude deserts"
(Projektleiter: C. R. Lawrence)

Ziel des Projekts ist die Rekonstruktion der Entwicklung der großräumigen Trockengebiete der Erde sowie die stratigraphische Korrelation des Neogens und Quartärs dieser Regionen.

Von diesem von australischer Seite initiierten Vorhaben wurden Treffen in Melbourne und Canberra (1982) sowie in Kairo (1983) organisiert, an denen von deutscher Seite E. Klitzsch und U. Thorweihe, beide Berlin, teilgenommen haben. Ein für Oktober 1985 in San Franzisco geplantes Meeting wurde von amerikanischer Seite abgesagt.

Der SFB 69 Berlin, „Geowissenschaftliche Probleme in ariden Gebieten" hat im Rahmen des Projekts einen Workshop „Impact of climatic variations on East Saharian groundwaters – Modelling of large-scale subsurface flow regimes" mit großer internationaler Beteiligung durchgeführt (Mai 1985).

IGCP-Vorhaben Nr. 196

„Calibration of the Phanerozoic time scale"
(Projektleiter: G. S. Odin, N. H. Gale)

Ziel dieses 1983 etablierten Projekts ist die Überprüfung und Verbesserung der absoluten Zeitskala durch stratigraphische und geochronologische Methoden im Phanerozoikum.

Das Projekt kann als Anschlußprojekt für das 1979 offiziell beendete Projekt Nr. 133/89 „Geochronology of Mesozoic and Cenozoic deposits of Europe/Calibration of stratigraphic methods" (Projektleiter: G. S. Odin, I. Wendt) angesehen werden. Bisher wurden drei Arbeitstreffen in London (1983), Braunlage (1984) und Straßburg (1985) durchgeführt, an denen unter anderen durch Referate beteiligt waren A. Baumann, V. Fuhrmann, B. Grauert, U. Haack, J. C. Hess, A. Höhndorf, H. Kreuzer, H. Lippolt und

I. Wendt. Außerdem involviert in das Vorhaben sind H. Friedrichsen, Berlin, die Gruppen Fischer/Seibertz, Hannover, und Jessberger, Mainz.

Die deutsche Beteiligung erstreckte sich bisher unter anderem auf Zeitskalafragen des Karbons und des Quartärs. International sollen als nächstes bessere Eichmarken für das Silur, anschließend für den Jura gewonnen werden.

Vom Landesausschuß „IGCP" wurden die Herren Kreuzer, Hannover, und Lippolt, Heidelberg, als nationale Beobachter dieses Projekts nominiert.

IGCP-Vorhaben Nr. 199
„Rare events in geology"
(Projektleiter: K. J. Hsü)

Dieses Projekt zielt auf die Erforschung und mögliche Klärung von immer wieder im Lauf der Erdgeschichte auftauchenden besonderen Ereignissen, wie z. B. an der Wende Kreide/Tertiär.

Mit einbezogen in die Fragestellung des Vorhabens ist die Arbeitsgruppe Erben, Bonn, mit paläontologisch ausgerichteten Zielen. Zudem besteht ein Informations- und Gedankenaustausch zwischen Vertretern dieses und des Projekts Nr. 216 „Global biological events in earth history" (O. H. Walliser)

IGCP-Vorhaben Nr. 200
„Sea-level correlation and applications"
(Projektleiter: P. A. Pirazzoli)

Dieses in der Nachfolge von IGCP-Nr. 61 „Sea-level movements during the last deglacial hemicycle" (1974–1982, Leiter: A. L. Bloom) stehende Vorhaben hat sich zum Ziel gesetzt, die Prozesse der Meeresspiegelschwankungen zu erkennen und zu quantifizieren. Letztendlich besteht die Hoffnung, Vorhersagen für die nahe Zukunft treffen zu können.

Eine erste Koordination der inhaltlich zu diesem Projekt passenden deutschen Beiträge wurde in den Jahren 1982–1985 von D. Kelletat, Essen, vorgenommen. Zahlreiche Institutionen sind mit ihren Vertretern an relevanten Fragestellungen beteiligt. Hervorzuheben sind hier das Deutsche Hydrographische Institut, Hamburg (K. Figge et al.) und die Bundesanstalt für Wasserbau, Hamburg (Rohde mit Studie „Zur künftigen Entwicklung der Wasserstände an der deutschen Nordseeküste", 1983). Aus dem großen Kreis weiterer einschlägig arbeitender Geowissenschaftler sind unter anderen zu nennen Carls, Groten, Grün, Kelletat, Klug, Linke, Meischner, Brückner, Radtke, Vinken, Thiede, Zimmermann.

IGCP-Vorhaben Nr. 215
„Proterozoic fold belts"
(Projektleiter: R. Caby, Sekretär: A. Kröner)

Ziel dieses Vorhabens ist die Erfassung der Diversität proterozoischer Gebirgsbildungen und der deutende Vergleich mit phanerozoischen Gebirgsgürteln.

Innerhalb der DFG-Forschergruppe *„Akkretion und Differentiation des Planeten Erde..."*, Mainz, sind Untersuchungen der Arbeitsgruppe Kröner, Greiling, Dürr, Büchel, Jacoby, Hofmann, Todt, Jochum und Mitarbeiter der Themenstellung dieses Projekts zuzuordnen. Angehörige der Mainzer Universität sowie des Max-Planck-Institutes für Chemie setzten ihre Forschungen zur Krustenentwicklung im Spätpräkambrium des arabisch-nubischen Schildes (Eastern Desert von Ägypten, Red Sea Hills des Sudan, arabisches Grundgebirge) fort. Vor allem richteten sie ihre Arbeiten auf die Analyse der Tektonik der „accretionary terranes", die Stellung von Ophiolithen und die zeitliche Abfolge der Krustenbildungsprozesse.

Die IGCP-Projekte Nr. 215 und 217 „Proterozoic fold belts" und „Proterozoic geochemistry" wurden in enger Zusammenarbeit mit dem *Internationalen Lithosphären-Programm* (Working Group 3) anläßlich eines internationalen Symposiums in Beijing, China, im September 1983 kreiert und 1984 vom IGCP-Board bewilligt. Erste wissenschaftliche Sitzungen fanden im August 1985 anläßlich einer internationalen Konferenz in Darwin, Australien, statt.

IGCP-Vorhaben Nr. 217
„Proterozoic geochemistry"
(Projektleiter: K. C. Condie)

Intensiv betrieben werden soll in diesem seit 1984 laufenden Projekt der geochemische Vergleich früh- und mittel-proterozoischer Gesteinsserien mit denen des Archaikums, des späten Proterozoikums sowie des Phanerozoikums, um möglicherweise Säkularvariationen des Kruste-Mantel-Systems im Verlauf der Erdgeschichte zu erfassen.

Die DFG-Forschergruppe Mainz „Akkretion und Differentiation des Planeten Erde .." ist involviert bei der Erforschung der Entwicklung und Genese intrakontinentaler früh- bis mittel-proterozoischer Vulkanite des

Kaapvaal Kratons im südlichen Afrika (Arbeitsgruppe Kröner, Arndt, Hofmann, Jochum und Mitarbeiter).

IGCP-Vorhaben Nr. 219
„Comparative lacustrine sediments through space and time"
(Projektleiter: K. Kelts)

Ein Hauptziel dieses 1984 etablierten Projekts ist es, Wissenschaftler zu erfassen, die sich mit fossilen oder rezenten See-Ablagerungen befassen, um gemeinsam eine Zusammenstellung und Korrelation von See-Sedimenten im Verlauf der Erdgeschichte mit ihren ökologischen und ökonomischen Aspekten zu erarbeiten.

In der Vorbereitungsphase dieses Vorhabens sind Kontakte auch zu deutschen Arbeitsgruppen geknüpft; so hat z. B. der Berliner SFB 69 „Geowissenschaftliche Probleme in ariden Gebieten" seine Untersuchungen an limnischen Ablagerungen (Holozän bis rezent) im Nordsudan in dieses Projekt eingebracht (Pachur). Ebenfalls tragen Projekte oder Projektplanungen der Göttinger Arbeitsgruppen J. Schneider (Voralpenseen) und W. Riegel (Faziesanalyse im Wealden, sedimentologische und palynologische Arbeiten in griechischen Braunkohlen-Becken) zur Erforschung des Vorhabens bei.

Auch die Forschungsvorhaben im Rahmen der „Grabungen in der Grube Messel" (Franzen, Schaarschmidt et al.) lassen sich diesem Projekt zurechnen.

IGCP-Vorhaben Nr. 233
„Terranes in the Circum-Atlantic Palaeozoic orogens"
(Projektleiter: J. D. Keppie, R. D. Dallmeyer)

Dieses 1985 vom IGCP-Board auf Betreiben vor allem kanadischer Geowissenschaftler etablierte Projekt subsummiert in seinem Thema auch zahlreiche Aktivitäten bundesdeutscher Forscher. Zur Zeit werden Überlegungen angestellt, ob sich eine größere Gruppe unter dem Thema *„Geodynamik des mitteleuropäischen Varistikums"* in die Fragestellungen dieses IGCP-Projekts einbinden läßt; Kontakt halten W. Franke, W. Frisch, R. Walter und K. Weber.

Zudem erwogen wird eine Einbeziehung des Themas *„Metallogenese des Böhmischen Massivs",* das von den Tschechen 1984 als ein internationales Kooperations-Programm vorgeschlagen worden war.

IGCP-Vorhaben Nr. 235
„Metamorphism and geodynamics"
(Projektleiter: L. L. Perchuk, M. Brown)

Auch der Deutsche Landesausschuß für das IGCP hat diesem 1985 vom IGCP-Board gebilligten russisch-amerikanischen Projekt seine Unterstützung zugesagt.

Ziel dieses internationalen Projekts ist es, metamorphe Grundgebirge aus verschiedenen Teilen der Erde quantitativ zu erfassen. Besonderer Wert wird auf die Ermittlung von Druck-Temperatur-Zeit-Wegen gelegt, die Aussagen über die eigentlichen geodynamischen Prozesse oder Mechanismen versprechen. Feldaktivitäten sind vorgesehen in USA, Canada, UdSSR, Irland, Australien, Indien, Norwegen und Jugoslawien.

Kontakt zu diesem Vorhaben halten E. Althaus und W. Schreyer.

IGCP-Vorhaben Nr. 245
„Non-marine cretaceous correlations"
(Projektleiter: N. J. Mateer, Chen Pei-ji)

Ziel dieses 1986 ins Leben gerufenen Projekts ist es, eine Synthese der stratigraphischen und geographischen Verteilung von Kreide-Pflanzen und -Tieren im Hinblick auf terrestrische Ökosysteme zu erarbeiten. Zur Zeit werden regionale Arbeitsgruppen zusammengestellt; als deutscher Verbindungsmann fungiert W. Riegel, Göttingen.

Ein erstes Treffen in Verbindung auch mit diesem Projekt fand im Mai 1986 in Albuquerque/USA statt; nächste Zusammenkünfte sind für November 1986 (San Antonio/USA) und Sommer 1987 (West-China) geplant.

IGCP-Vorhaben Nr. 249
„Andean magmatism and its tectonic setting"
(Projektleiter: M. A. Parada, C. Rapela)

Verbindung zu diesem in der Nachfolge von Projekt Nr. 120 „Magmatic evolution of the Andes" stehenden Vorhabens halten H. Miller, München, sowie W. Zeil, Berlin, mit ihren Arbeitsgruppen.

IGCP-Vorhaben Nr. 250
„Regional crustal stability and geological hazards"
(Projektleiter: Chen Qingxuan)

Dieses Projekt ist für eine Startphase von zwei Jahren vom IGCP-Board 1986 akzeptiert worden; besonderes Gewicht soll auf das Studium der Krustenbewegungen gelegt werden.
   Von deutscher Seite sind M. Langer, Hannover, sowie E. Krauter, Mainz, beteiligt.

5.5 Projekte mit Beteiligung deutscher Einzelforscher bzw. Beobachter

IGCP-Vorhaben Nr. 5
„Correlation of Prevariscan and Variscan events of the Alpine-Mediterranean mountain belts"
(Projektleiter: H. W. Flügel, F. Sassi)

Im Rahmen dieses schon seit 1976 laufenden Programms sind einige Arbeitsgruppen im alpinen Bereich sowie in Südfrankreich tätig (u. a. Bechstädt, Heinisch, Kleinschmidt, Engel, Franke). Die Koordination der bundesdeutschen Aktivitäten wird von G. Kleinschmidt, Frankfurt, vorgenommen.
   Die innerhalb des DFG-Schwerpunktprogramms „Geodynamik des mediterranen Raumes" (1970–1975) zusammengetragenen Ergebnisse („Alps, Apennines, Hellenides" (Edits. H. Closs et al.), Schweitzerbart 1978) werden als Vorlauf-Beiträge auch zu diesem IGCP-Vorhaben betrachtet.
   Ein Field-Meeting des Projekts fand vom 16. bis 23. 6. 1985 in der Tschechoslowakei in den West-Karpaten statt.

IGCP-Vorhaben Nr. 24
„Quaternary glaciations in the Northern Hemisphere"
(Projektleiter: J. Macoun)

Der Abschlußbericht dieses 1983 offiziell ausgelaufenen Vorhabens ist noch nicht erschienen; der deutsche Beitrag ist von K. Brunnacker, Köln, bereits 1983 erstellt worden, bedarf jedoch wegen des zwischenzeitlich gewonnenen Erkenntnisfortschritts einiger Korrekturen. So sind z. B. die Kaltzeit-Korrelationen zwischen Rhein und Alpenvorland deutlich verbessert worden, die Stellung des „Holstein-Interglazials" und die Zuordnung paläomagnetischer Streifenmuster zu Festlandsereignissen weiter eingeengt worden.

IGCP-Vorhaben Nr. 41
„Neogene-Quaternary boundary"
(Projektleiter: K. V. Nikiforova)

Der Abschlußbericht dieses 1984 beendeten Vorhabens wird für die Publikation vorbereitet. Deutscherseits war und ist u.a. H. Tobien, Mainz, an diesem Vorhaben beteiligt.

IGCP-Vorhaben Nr. 58
„Mid-Cretaceous events"
(Projektleiter: R. A. Reyment)

Deutsche Arbeitsgruppen unter der Leitung von G. Ernst, Berlin, und J. Wiedmann, Tübingen, sind an diesem in der Auslaufphase befindlichen Projekt beteiligt. Eine zusammenfassende Darstellung der deutschen Aktivitäten steht noch aus.

IGCP-Vorhaben Nr. 129
„Lateritization processes"
(Projektleiter: P. K. Banerji)

Bestrebungen, dieses 1983 beendete Projekt wieder aufleben zu lassen, wurden 1985 und 1986 vom IGCP-Board noch nicht unterstützt. Fortgesetzt wurden allerdings auch von bundesdeutschen Gruppen Arbeiten, die thematisch engen Bezug zu diesem Projekt haben. Zu erwähnen sind Untersuchungen von Bodenhorizonten lateritischer Ausprägung der Oberkreide in Ägypten und dem Sudan, die von K. Germann, G. Matheis und H. Kallenbach im Berliner SFB 69 *„Geowissenschaftliche Probleme in ariden Gebieten"* geleitet werden. In derselben Region werden von Berliner Arbeitsgruppen lagerstättenbildende Verwitterungsprozesse für Al- und Fe-Anreicherungen analysiert.

In diesem Zusammenhang sind Projektplanungen unter dem Titel *„Verwitterungsprozesse unter warm-humiden Klimabedingungen im ausklingenden Mesozoikum und Tertiär"* von Interesse; an Vorberatungen sind u. a. beteiligt H. Füchtbauer, G. Friedrich, G. Matheis, U. Schwertmann, G. F. Tietz,

I. Valeton, H. Wopfner, R. Zeese; Untersuchungen in Nigeria wurden 1986 begonnen und die Weiterführung eines bisher durch das BMFT unterstützten Vorhabens in Brasilien wird 1987 starten.

IGCP-Vorhaben Nr. 156
„Phosphorites"
(Projektleiter: P. J. Cook, J. H. Shergold)

Ziel dieses von australischen Wissenschaftlern angeregten Vorhabens ist die Erforschung von Ursprung und Verteilung sedimentärer Phosphatablagerungen im Rezenten und Fossilen. Verbindung zum Projekt wird deutscherseits von K. J. Müller, Bonn, gehalten.

Eine Berliner Arbeitsgruppe des SFB 69 (K. Germann, Schröter) ist mit ihrem Teilprojekt „Phosphorite und Ölschiefer in Ägypten" thematisch eng mit dem 1984 ausgelaufenen IGCP-Vorhaben verknüpft. Zahlreiche thematisch relevante Vorhaben der Bundesanstalt für Geowissenschaften und Rohstoffe (u. a. maringeowissenschaftliche Rohstoff-Forschung und Exploration) sind ohne Kontakt zum IGCP 156 durchgeführt worden (Mitteilung: K. Hinz). Verbindung zum Projekt hält auch M. Schidlowski, Mainz.

IGCP-Vorhaben Nr. 158
„Palaeohydrology of the temperate zone"
(Projektleiter: L. Starkel, B. Berglund)

Ziel des von polnischer und schwedischer Seite vorgeschlagenen Vorhabens ist die multidisziplinäre Erforschung der Umweltentwicklung in den letzten 15000 Jahren, insbesondere der vorherrschenden Änderungen im hydrologischen Regime der gemäßigten Zone (35–70° Breite) in Abhängigkeit von Klimawechsel und menschlicher Einflußnahme.

Neben der Teilnahme deutscher Wissenschaftler im Rahmen der International Union für Quaternary Research (INQUA) sind Arbeiten der Arbeitsgruppe J. Schneider, Göttingen, erwähnenswert, die sich mit sediment-geologischen und -geochemischen Fragen in Alpenvorland-Seen befassen.

IGCP-Vorhaben Nr. 165
„Regional stratigraphic correlation of the Caribbean"
(Projektleiter: J. L. Yparraguirre)

Kontakt zu diesem Projekt hält R. Schmidt-Effing, Marburg.

IGCP-Vorhaben Nr. 179
„Stratigraphic methods as applied to the Proterozoic record"
(Projektleiter: J. Sarfati, N. Clauer, M. Semikhatov, G. M. Young)

Die Korrelation von suprakrustalen Gesteinsserien soll in diesem Vorhaben präzisiert werden. In die Projektproblematik eingebunden ist H. Porada, Göttingen, der vor allem lithostratigraphische Korrelationen von proterozoischen Abfolgen in Namibia vervollkommnete.

IGCP-Vorhaben Nr. 191
„Cretaceous palaeoclimatology"
(Projektleiter: E. J. Barron)

Ziel dieses Projekts ist die Rekonstruktion und Korrelation des Kreide-Klimas mit Hilfe multidisziplinärer Untersuchungen von terrestrischen und ozeanischen Räumen.
  Der SFB 69, Berlin, plant, Kontakte zu diesem Vorhaben über die Untersuchung von Paläoböden der Oberkreide (Ägypten, Sudan) aufzunehmen (Bowitz, Germann).

IGCP-Vorhaben Nr. 192
„Cambro-Ordovician development in Latin America"
(Projektleiter: B. A. J. Baldis)

Einen relativ losen wissenschaftlichen Kontakt zu diesem Projekt hält B. Erdtmann, Göttingen, in bezug auf die Korrelation der Stratigraphie des Ordovizium von Europa und Lateinamerika. Zudem wurde ein Informationsaustausch zwischen dem Projekt Nr. 216 „Global biological events in earth history" (Leiter: O. H. Walliser) und IGCP 192 vereinbart.

IGCP-Vorhaben Nr. 193
„Siluro-Devonian of Latin America"
(Projektleiter: M. A. Hünicken)

Kontakt zu diesem Projekt wird durch W. Ziegler gehalten.

IGCP-Vorhaben Nr. 198
„Evolution of the northern margin of the Tethys"
(Projektleiter: M. Rakús)

In diesem Projekt, das maßgeblich von tschechischer Seite entwickelt worden ist, soll versucht werden, die Kenntnis der Entwicklung der mesozoischen Tethys durch eine Reihe von geologisch-paläogeographischen Traversen (Alpen, Karpaten und Kaukasus) zu verbessern.

A. Zeiss, Erlangen, beteiligt sich am Problemkreis durch die Bearbeitung tithonischer Ammoniten; des weiteren involviert in die Fragestellungen des Projekts ist die Münchner Arbeitsgruppe D. Herm/F. Weidlich.

IGCP-Vorhaben Nr. 227
„Magmatism of extensional regions"
(Projektleiter: A. B. Kampunzu, R. T. Lubala)

Kontakt zu diesem 1985 – auf Betreiben von Wissenschaftlern aus Zaire – eingerichteten Projekt halten der SFB 69, Berlin, *„Geowissenschaftliche Probleme in ariden Gebieten"* über H. Schandelmeier sowie Gruppen des Karlsruher SFB 108 *„Spannung und Spannungsumwandlung in der Lithosphäre".*

6 Akkretion und Differentiation des Planeten Erde und ihre Bedeutung für die geodynamische Evolution von Kruste und Mantel: Forschergruppe Mainz

Albrecht W. Hofmann, Wolfgang Jacoby, Alfred Kröner, Volker Lorenz und Heinrich Wänke

Die Forschergruppe *„Akkretion und Differentiation des Planeten Erde"* wurde 1980 von Wissenschaftlern der Universität Mainz, des Max-Planck-Institutes für Chemie in Mainz und der Universität Frankfurt konzipiert und wird seit Mitte 1981 von der Deutschen Forschungsgemeinschaft finanziell gefördert.

In diesem Vorhaben werden für das Verständnis der Gesamtentwicklung der Erde wichtige Probleme der planetaren Evolution mit Hilfe geologischer, geochemischer und geophysikalischer Untersuchungsmethoden bearbeitet. Der Schwerpunkt liegt dabei auf Untersuchungen über Vorgänge, die zur Bildung des Planeten und seiner Differentiation in Kern, Mantel und Kruste geführt haben. Die Arbeiten sollen zum Verständnis des Gesamtchemismus der Erde, der zeitlichen Evolution des Mantels und seiner chemischen Inhomogenitäten sowie der geodynamischen Entwicklung von Lithosphäre und kontinentaler Kruste beitragen. Das Gesamtprojekt ist ein Beitrag zum Internationalen Lithosphären-Projekt.

Die Gruppe wird von den Antragstellern A. Kröner, H. Wänke, A. W. Hofmann, V. Lorenz und W. Jacoby getragen und hat Mitarbeiter aus den beteiligten Institutionen sowie „post doc"-Wissenschaftler und studentische Jungforscher, die aus DFG-Mitteln finanziert werden. Darüber hinaus arbeiten Fachkollegen des In- und Auslandes an Teilaspekten der Gemeinschaftsforschung mit.

Unsere Arbeiten können vier thematischen Gruppen zugeordnet werden:

1. **Chemismus und Akkretion der Erde**
2. **Wärmeentwicklung und Konvektion**
3. **Mantelevolution und Vulkanismus**
4. **Krustenevolution und Geodynamik**

und sind organisatorisch in mehrere Teilprojekte aufgegliedert.

Zahlreiche Ergebnisse der bisherigen Forschung wurden inzwischen in internationalen Zeitschriften publiziert und auf nationalen und internationalen Tagungen vorgetragen. Das Rahmenthema „Entstehung und Entwicklung von Erde, Mond und ihren planetaren Nachbarn" der gemeinsamen Tagung der Geologischen Vereinigung, der Deutschen Geophysikalischen Gesellschaft und der Sektion für Geochemie der Deutschen Mineralogischen Gesellschaft in Mainz im Februar 1984 gab der Forschergruppe Gelegenheit, Schwerpunkte ihrer Arbeit besonders den deutschen Fachkollegen vorzustellen. Im November 1984 veranstaltete die DFG in Mainz ein internationales Rundgespräch (workshop) zum Rahmenthema der Gruppe und unter Beteiligung zahlreicher renommierter Wissenschaftler des Auslandes. Dabei kamen nahezu alle Mitarbeiter dieses Forschungsvorhabens zu Wort.

Die letzte Förderungsphase der Forschergruppe hat im Juli 1985 begonnen und soll Mitte 1987 auslaufen. Zur Zeit finden jedoch Gespräche über eine mögliche Fortführung der gemeinsamen Arbeiten statt. Sie ist wünschenswert, weil die Thematik ein hohes Maß an fachübergreifender, integrierter Forschung erfordert, wie sie an anderen deutschen Hochschulen nicht in vergleichbarer Weise durchgeführt werden kann. Die in Mainz mögliche enge Kooperation zwischen einem Hochschulinstitut und einem Max-Planck-Institut stellt für die Geowissenschaften in der Bundesrepublik eine einmalige Chance dar.

Im folgenden bringen wir einige wesentliche Ergebnisse unserer Forschung und halten uns dabei an das oben angegebene thematische Schema.

6.1 Chemismus und Akkretion der Erde

Sieht man von den *siderophilen Elementen* ab (Elemente mit bevorzugtem Metallcharakter), so bestimmt der Erdmantel mit etwa 2/3 der Erdmasse die chemische Zusammensetzung der Erde. Die Erdkruste beinhaltet nur 0,4 % der Erdmasse und liefert daher für alle Hauptelemente keinen nennenswerten Beitrag. Anders ist dies für *inkompatible Spurenelemente* (Elemente, die wegen ihres Ionenradius oder ihrer Ladung in die Hauptmineralphasen des Mantels nur sehr schwer eingebaut werden können), z. B. K, U, Th, aber auch Ba, La, Rb, etc. Von diesen stark inkompatiblen Spurenelementen befinden sich bis zu 50 % der gesamten in der Erde enthaltenen Menge in der Kruste. Der Hauptteil aller siderophilen Elemente wurde bereits während der Akkretion zusammen mit dem metallischen Nickeleisen in den Kern abgeführt.

Aus unseren Untersuchungen an *Mantelknollen* (Jagoutz et al., 1979; Wänke et al., 1984), aber auch aus der Zusammensetzung primärer *Basalte* und *Komatiite* wissen wir über die Zusammensetzung des Erdmantels gut Bescheid. Die so ermittelten Elementhäufigkeiten im Erdmantel diskutiert man zweckmäßigerweise in ihrem Verhältnis zu den entsprechenden Häufigkeiten in kohligen *Chondriten* vom Typ 1; es handelt sich bei diesen C 1-Chondriten um den „primitivsten" Meteoritentyp, welcher in seiner Zusammensetzung dem Urmaterial des Sonnensystems am ähnlichsten ist. Deshalb gibt man die Häufigkeiten im Mantel als Faktoren des Element/Silizium-Verhältnisses gegenüber dem gleichen Verhältnis in C 1-Chondriten an (C 1-Häufigkeiten: siehe Palme et al., 1981). Die so normierten Häufigkeiten im Erdmantel plus Kruste sind in Abb. 6-1 dargestellt.

Danach haben alle oxiphilen, schwerflüchtigen Elemente und Mg Häufigkeiten von 1,2 bis 1,5, sind also leicht angereichert und treten untereinander nahezu in C 1-Häufigkeitsverhältnissen auf. Die Verarmung von V, Cr, und Mn, zuerst bemerkt von Ringwood (1966), ist besonders auffallend. Diese Verarmung wird häufig der gegenüber Si höheren Flüchtigkeit von Cr und Mn zugeschrieben. Dreibus und Wänke (1979) wiesen jedoch darauf hin, daß meteoritische Basalte vom Mutterkörper der *Eukrite* (EPB = **E**ucrite **P**arent **B**ody; Eukrite sind basaltische Steinmeteorite) keine Mn-Verarmung zeigen, obwohl der EPB eindeutig stärker an mittelflüchtigen Elementen Na, K, etc. (alle flüchtiger als Cr oder Mn) verarmt ist als die Erde. Ähnliches gilt für den Mutterkörper der *Shergottite* (SPB = **S**hergotty **P**arent **B**ody; als Shergottite bezeichnet man eine sehr seltene Gruppe basaltischer Steinmeteorite, von denen nur vier Vertreter bekannt sind). Die Silikatphase des EPB besitzt eine geringere, der SPB eine höhere *Sauerstoff-Fugazität* als der Erdmantel. Auf Grund zahlreicher Indizien wird immer wahrscheinlicher, daß es sich bei dem SPB um den Planeten Mars handelt (Dreibus und Wänke, 1984).

Die wahrscheinlichste Erklärung für die Verarmung von Mn, Cr und V im Erdmantel (V ist sogar ein schwerflüchtiges Element) ist deren Abführung in den Erdkern, entweder in reduzierter Form als Metalle oder Sulfide (unter Bedingungen extrem geringer Sauerstoff-Fugazität) oder aber als Oxide (Sauerstoff-Fugazität des heutigen Erdmantels). Eine Abführung in oxidierter Form in den Erdkern wäre zu erwarten, falls dieser, wie von Ringwood (1977) postuliert, große Mengen von FeO im Metall gelöst enthält.

Die Verarmung der siderophilen Elemente wie Ni und Co erscheint zunächst auf Grund von deren Extraktion in den Erdkern verständlich.

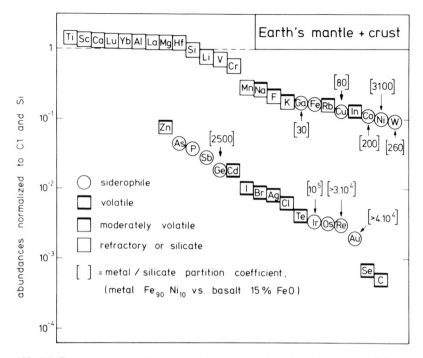

Abb. 6-1: Zusammensetzung des Erdmantels (inklusive Kruste). Alle Daten bezüglich der Elementhäufigkeiten im Erdmantel entstammen Analysen der Mainzer Gruppe (Jagoutz et al., 1979; Wänke et al., 1984). Gleiches gilt für die angegebenen Metall/Silikatverteilungskoeffizienten (Fraser und Rammensee, 1982; Schmitt und Wänke, 1984, und Brey und Nickel, 1985).

Quantitative Überlegungen zeigen jedoch, daß im Falle eines Metall-Silikatgleichgewichtes die Konzentrationen von Co und insbesondere von Ni noch wesentlich kleiner sein müßten. Für die Bedingungen des Erdmantels ist für den Metall-Silikat-Verteilungskoeffizienten von Ni ein Wert von etwa 1000 (Schmitt, 1984) zu erwarten. Gehen wir von einer Ni-Konzentration im Erdkern von etwa 6 % aus, so sollte der Erdmantel – chemisches Gleichgewicht vorausgesetzt – nur maximal 60 ppm Ni enthalten. Die tatsächliche Konzentration von Ni im Erdmantel liegt mit 2100 ppm jedoch 35mal höher. Eine mögliche Erklärung hierfür wäre eine Veränderung des Metall-Silikat-Verteilungskoeffizienten durch den Einfluß von hohem Druck oder hoher Sauerstoff-Fugazität. Wie Abb. 1 zeigt, haben jedoch die Elemente

84

Ga, Fe, Cu, W, Ni und Co im Erdmantel etwa gleiche (C 1-normierte) Häufigkeiten, obwohl ihre Metall-Silikat-Verteilungskoeffizienten sehr verschieden sind. Eine Erniedrigung der Verteilungskoeffizienten allein würde daher nicht ausreichen, um diese Häufigkeiten zu erklären, sondern es müßten überdies die Verteilungskoeffizienten obiger Elemente nahezu gleiche Werte annehmen. Wir bemerken ferner, daß die Häufigkeiten der mittelflüchtigen Elemente K, Na, Rb und F sowie des hochflüchtigen Elementes Indium etwa den Häufigkeiten der Elemente mit mittlerem siderophilen Charakter entsprechen.

Die hochsiderophilen Elemente Re, Os, Ir und Au sind, obwohl gegenüber Ni, Co, etc. in geringeren Häufigkeiten auftretend, wiederum im Vergleich zu ihren Metall-Silikat-Verteilungskoeffizienten um in Größenordnungen zu hohen Häufigkeiten vorhanden. Germanium liegt hinsichtlich seines Metall-Silikat-Verteilungskoeffizienten (D 2500; Schmitt und Wänke, 1984) zwischen den mittel- und hochsiderophilen Elementen und hat in der Tat eine Häufigkeit (Verarmung) zwischen der von Ni bzw. Co und Os bzw. Ir.

Die nahezu gleiche Anreicherung von Mg und allen schwerflüchtigen oxiphilen Elementen relativ zu Si läßt sich auch als Verarmung von Si erklären (Ringwood 1958; Wänke 1981). Es wurde vermutet, daß gewisse Mengen von Si in metallischer Form im Erdkern enthalten sind. Alternativ könnte der etwas zu tiefe Si-Gehalt im oberen Mantel durch höhere Si-Konzentrationen im unteren Mantel kompensiert sein.

Ausgehend von den Untersuchungen über die Zusammensetzung des Erdmantels haben wir das nachstehend erläuterte inhomogene **Zweikomponentenmodell** für die Akkretion der Erde entwickelt (Wänke, 1981; Wänke et al., 1984). Danach war die Materie, aus der sich die Erde zunächst bildete (Komponente A), hoch reduziert und frei von flüchtigen Elementen, enthielt aber alle anderen Elemente in C 1-Häufigkeitsverhältnissen. Eisen und alle auch nur leicht siderophilen Elemente lagen in Metallform vor, selbst Si war teilweise in metallischer Form (Cr, Mn und V als Metalle oder Sulfide). Hierbei ist zu bemerken, daß sowohl Reduktion als auch Verlust der flüchtigen Elemente als gemeinsame notwendige Bedingung eine Phase hoher Temperatur voraussetzen. Hochreduzierte Materie muß es im frühen Sonnensystem gegeben haben, wie wir aus den hochreduzierten *Enstatit Chondriten* wissen, die im metallischen NiFe bis zu etwa 5 % metallisches Si enthalten, während Mn und Cr in Sulfidform auftreten.

Auf Grund der großen, bei der Akkretion frei werdenden Energie heizte sich die Materie stark auf und schmolz in weiten Bereichen (Safranov, 1978; Kaula, 1979); dies hatte zur Folge, daß die Kernbildung (Absinken des

85

metallischen Eisens zusammen mit allen siderophilen Elementen) praktisch parallel zur Akkretion verlief (Solomon et al., 1981). Im Laufe der Akkretion änderte sich die Zusammensetzung der akkretierenden Materie zunächst nur sehr wenig. Nachdem die Erde etwa 60 % ihrer heutigen Masse erreicht hatte, wurde jedoch mehr und mehr oxidiertes Material zugefügt. Diese oxidierte Komponente B enthielt Fe, Ni, Co, W und nahezu alle siderophilen Elemente in Oxidform. Komponente B enthielt außerdem alle mittelflüchtigen Elemente und sogar zumindest einige der hochflüchtigen Elemente in C 1-Häufigkeiten.

Kleine, noch immer in der akkretierenden Materie vorhandene Anteile von Komponente A führten weiterhin, in allerdings stark abnehmender Menge, metallisches Eisen zu. Dies ist vermutlich die Ursache dafür, daß die hochsiderophilen Elemente (Ir, Au, etc.) weiterhin aus dem Mantel extrahiert wurden und in den Kern sanken. Hingegen wurden die Häufigkeiten der Elemente mit mittlerem siderophilen Charakter (Ga, W, Cu, Co, und Ni) nur mehr in geringem Maße vermindert. Komponente B enthielt auch flüchtige Elemente wie Halogene, H_2O und Kohlenstoffverbindungen. Die Zufuhr von H_2O und Fe^{3+} führte schließlich dazu, daß metallisches Eisen nicht mehr stabil bleiben konnte, so daß die hochsiderophilen Elemente aus den letzten 0,2 % der Materie, die zur Masse der Erde hinzukamen, in C 1-Häufigkeitsverhältnissen im Mantel verblieben.

Die mittelflüchtigen und hochflüchtigen Elemente entstammen ebenso wie die siderophilen (aber in Oxidform vorliegenden) Elemente des Erdmantels ausschließlich der Komponente B. Auf diese Weise wird die auffallende Ähnlichkeit der Häufigkeiten der beiden Elementgruppen (F, Na, K, Rb, Zn einerseits und Fe, Ni, Co, Cu, Ga, W andererseits) zwanglos erklärt. Unter der Annahme einer C 1-Zusammensetzung von Komponente B errechnete sich die Erde ein Anteil von Komponente B von etwa 15 %; der Anteil der Komponente A beträgt demnach 85 %.

Komponenten A und B sind heute im Erdmantel völlig miteinander vermischt. Um diese Durchmischung zu verstehen, ist es wichtig, die im Laufe der Erdgeschichte freiwerdenden Wärmemengen zu betrachten. Die Wärme, die im Erdmantel aus der Akkretionsphase zurückblieb, beträgt nach Kaula (1979) 1,8 x 10^{31} Joule. Hinzu kommt noch die Energie der Kernbildung von 1,5 x 10^{31} J (Flasar und Birch, 1973). Durch den radioaktiven Zerfall von K, Th und U werden im Erdmantel in 4,55 x 10^9 Jahren 0,6 x 10^{31} J produziert. Dies bedeutet, daß 85 % der gesamten in der Erde freigesetzten Wärmeenergie während der Akkretionsphase anfielen. Die Akkretionsdauer mit etwa 4 x 10^7 Jahren (Wetherill, 1978) liegt unter 1 % des Alters der Erde, und der Energieausstoß während der Akkretion überstieg den mittleren Energieausstoß der Radioelemente um den Faktor 500. Die heutige Umwälzzeit des Erdmantels (ein Konvektionszyklus) liegt in der Größenordnung von einigen 10^8 Jahren. Die Umwälzzeit in der Akkretionsphase käme demnach auf unter 10^6 Jahre, wäre also klein gegenüber der Akkretionszeit. Komponente B wurde offenkundig einem heftig konvektierenden Mantel zugefügt, der überdies bis zu einer Tiefe von mehreren hundert Kilometern weitgehend aufgeschmolzen war (Walker, 1983). Dies führte zu einer völligen Durchmischung der Komponenten A und B.

Die Frühgeschichte der Erde steht in enger Beziehung zur Entstehung des Mondes. Aus den Arbeiten der Mainzer Gruppe wurde die außerordentliche **Ähnlichkeit der Zusammensetzung des Mondes mit der Zusammensetzung des Erdmantels** deutlich (Wänke und Dreibus, 1982 und 1986). Auf Grund dieser geochemischen Hinweise fand in letzter Zeit das auf Hartmann und Davis (1975) sowie auf Ringwood (1979) zurückgehende Modell einer durch Einschlag ausgelösten Abtrennung der Mondmaterie aus dem Erdmantel weite Resonanz (Stevenson, 1985; Melosh, 1985). Danach kollidierte die Protoerde gegen Ende der Akkretionsphase mit einem Körper von Marsgröße. Die gewaltige bei dieser Kollision freiwerdende Energie von etwa 6 x 10^{31} J führte dazu, daß das Projektil und ein massenmäßig vergleichbarer Anteil des Erdmantelmaterials verdampften. Die Erde wurde für etwa 1000 Jahre astronomisch gesehen zu einem „braunen" Zwerg und erreichte nach beträchtlicher Aufblähung auf Grund des verdampften Materials Oberflächentemperaturen von über 2000 K. Es leuchtet ein, daß bei dieser Kollision die vorhandene Atmosphäre nahezu vollständig verlorenging. Schon aus diesem Grund sind zum Beispiel alle Überlegungen über eine aus dem solaren Nebel eingefangene, reduzierende Uratmosphäre irrelevant. Im Gegenteil: wir müssen annehmen, daß die Zusammensetzung der Uratmosphäre durch das chemische Gleichgewicht mit dem Erdmantel gegen Ende der Akkretionsphase bestimmt wurde. Selbst bei hohen Gleichgewichtstemperaturen ergibt sich hierbei ein Molverhältnis H_2/H_2O von über eins. Nach dem Erkalten der Erdoberfläche bzw. Ende der Akkretion entweicht der Wasserstoff jedoch sehr rasch dem Schwerefeld der Erde.

Die Bildung der Erde und der inneren Planeten aus einer reduzierten und von flüchtigen Elementen freien Komponente A und einer oxidierten, flüchtige Elemente enthaltenden Komponente B war bereits von Ringwood (1977 und 1979) vorgeschlagen worden. Ringwood favorisierte jedoch eine homogene Akkretion. Er nahm an, daß sich kurz nach der Akkretion bei hohen Temperaturen im tiefen Erdinneren große Mengen von FeO in metallischem FeNi lösten und somit die reinen Metall-Silikat-Verteilungskoeffizienten nicht anwendbar sind. Wie oben ausgeführt, steht die Zusammensetzung des Erdmantels nicht in direktem Widerspruch zu einem solchen Modell. Es sind jedoch vor allem die thermischen Modellrechnungen für die Akkretionsphase, die ein Akkretionsmodell wahrscheinlicher machen, bei dem die oxidierte Komponente in größeren Anteilen erst zugeführt wurde, nachdem die Erde etwa 2/3 ihrer heutigen Masse erreicht hatte und der überwiegende Teil des metallischen Nickeleisens in den Kern abgesunken war. Das Zweikomponenten-Modell der Planetenbildung fand kürzlich weitere Bestätigung durch die Tatsache, daß sich auch die Zusammensetzung des Shergottit-Mutterkörpers (vermutlich Mars, siehe oben) nach diesem Modell zwanglos erklären läßt (Dreibus und Wänke, 1984). Allerdings haben wir es hier mit einem merklich höheren Anteil der Komponente B zu tun (Mischungsverhältnis A : B = 60 : 40).

6.2 Wärmeentwicklung und Konvektion

Physikalisch gesehen sind geodynamische Prozesse Ausdruck des Wärmetransports. Dabei hängt die thermische Entwicklung des Planeten ab von (1) der **Anfangstemperatur** bzw. der bei seiner Bildung erzeugten und gespeicherten Wärmemenge; (2) der durch **Kernzerfall** ständig neu erzeugten Wärme und der räumlichen Verteilung der radioaktiven Isotope; (3) der **Wärmekapazität** und (4) den **Mechanismen des Wärmetransports.** Der letzte Punkt ist entscheidend; gewiß ist die thermische Konvektion im Erdmantel der wesentliche Transportmechanismus, jedoch ist umstritten, welche Formen sie annimmt und wie diese von den Kriecheigenschaften des Mantelgesteins beeinflußt werden. Eines unserer vordringlichen Ziele war es daher, die Rolle der kalten und steifen Lithosphäre in der Mantelkonvektion zu erforschen. Im Gegensatz zu der verbreiteten Vorstellung, daß die Temperaturabhängigkeit der Rheologie zu einer engen Kopplung von interner Temperatur und Wärmeabgabe führt, zeigen die Modelle, daß die Kopplung nicht so eng ist, da die Lithosphäre wie eine Isolierung die konvektive Wärmeabgabe behindert.

Das Modell von *Konvektion mit variabler Viskosität,* d. h. mit einer mechanisch steifen, weil kalten oberen Grenzschicht, der Lithosphäre, haben wir mit numerischen Modellen systematisch untersucht, und zwar besonders bezüglich seiner Wärmetransport-Eigenschaften und der Konsequenzen für die thermische und dynamische Erdgeschichte (Christensen, 1985). Zum Beispiel errechnen wir für das frühe Archaikum einen Wärmefluß, der höchstens das 1,5-fache des heutigen betrug. Traditionelle Modelle mit konstanter Viskosität (z. B. Sharpe & Peltier, 1979; Spohn, 1984) ergeben dagegen für das Archaikum ein Vielfaches des heutigen Wärmeflusses. In unserem Modell nehmen die mittleren Manteltemperaturen gleichmäßiger mit der Zeit ab als in den traditionellen Modellen und hätten danach vor 2 Ga noch deutlich höher gelegen. Das heutige Verhältnis von radioaktiver Wärmeproduktion zum Wärmeverlust sollte demnach $<0,5$ statt $>0,7$ sein. Die mittleren Plattengeschwindigkeiten müßten nach diesem Modell im Gegensatz zu den traditionellen Modellen im Laufe der Erdgeschichte nur wenig abgenommen haben.

Diese Modellaussagen können anhand geologischer, geochemischer und geophysikalischer Daten überprüft werden (Christensen, 1985). Abschätzungen der Paläogeothermen aus der Mineralzusammensetzung („Geothermometer, -barometer") alter metamorpher Gesteine deuten z. B. darauf hin, daß der kontinentale Wärmefluß im Archaikum nur wenig höher war als der heutige (z. B. England, 1979), während die Komatiite des Archaikums mit ihren hohen Schmelztemperaturen dafür sprechen, daß die Manteltemperaturen damals 200–300 K höher als heute waren (z. B. Arndt, 1977; Green, 1981). Diese Schätzwerte des archaischen Wärmeflusses und der Manteltemperaturen deuten darauf hin, daß die Lithosphärendicke ähnlich war wie heute, im Einklang mit der Struktur alter und junger Sedimentbecken. Aufgrund geochemischer Argumente bezüglich der Häufigkeit und Verteilung von Th, U und K in der Erde (Wänke, 1981) kann man für heute eine Wärmeproduktion unterhalb der Kruste von $(1,5 \pm 0,6)$ x 10^{13} W abschätzen; die Analyse des globalen Wärmeflusses ergibt einen Wärmeverlust des Mantels von $(3,7 \pm 0,4)$ x 10^{13} W (Pollack, 1980; Sclater et al., 1980), so daß sich das Verhältnis von Produktion zu Verlust zu $\approx 0,4$ ergibt, wie es etwa unserem Modell entspricht. Schließlich folgen aus paläomagnetischen Daten für die Zeit vor ≈ 2 Ga kontinentale Driftraten, die im Mittel kaum höher sind als heute (z. B. Ullrich & Van der Voo, 1982; Kröner et al., 1984). Zusammengenommen sprechen alle diese Beobachtungen trotz ihrer Unsicherheit im einzelnen eher für das Modell mit variabler Viskosität als für das Modell mit konstanter Viskosität. Eine offene Frage in diesem Zusammenhang bleibt jedoch die horizontale Beweglichkeit der Lithosphärenplatten, die von uns als zusammenhängende steife Schicht modelliert werden, in der Natur jedoch gegeneinander gleiten, wobei dann eine der Platten abtaucht. Bremst dieser Vorgang die Bewegung, wird die Wärmeabgabe der Erde entsprechend unserem Modell behindert. Denn es ist das Entstehen der Platten an ozeanischen Schwellen durch Abkühlung aufsteigenden Materials und ihr Vergehen durch Aufheizung beim Abtauchen, was die Wärmeabgabe wesentlich bestimmt; wird das Abtauchen – im Gegensatz zum beschriebenen Modell – nicht gebremst, dann wird auch die Wärmeabgabe durch die Lithosphärenplatten nicht wesentlich behindert (Jacoby und Schmeling, 1982).

In diesem Zusammenhang ist es ferner wichtig, ob Wärme durch kleinräumige Konvektion an den Boden der Lithosphärenplatten herantransportiert wird. Entscheidend dafür sind *Grenzschichtinstabilitäten.* Unerforscht ist bisher das Verhalten der oberen thermischen Grenzschicht unterhalb der mechanischen Lithosphäre, z. B. die Frage, ob und unter welchen Umständen es in dieser Grenzschicht kleinräumige Konvektion gibt. Dagegen haben *Manteldiapire,* die aus größerer Tiefe aufsteigen, deutlich thermisch-mechanische Auswirkungen auf die darüber hinwegdriftende Lithosphäre (Hawaii). So ist auch eine in einer Zeitspanne von ca. 10 Ma stattfindende Riftbildung, wie etwa in Ostafrika, erklärbar. Dabei treten Hebungen von 1 bis 4 km und – verzögert – Erhöhungen des Wärmeflusses auf.

Manteldiapire („plumes") können als Folge der Instabilität der unteren Grenzschicht (des konvektierenden Mantels) an der Kern-Mantel-Grenze entstehen. Modellrechnungen (Christensen, 1984) deuten darauf hin, daß sie sich aus kleinräumiger Konvektion innerhalb der Grenzschicht entwickeln, wenn hier die Viskosität temperaturbedingt auf 1/100 bis 1/1000 des Wertes im darüberliegenden Mantel sinkt. Die kleinräumige Konvektion lebt in den Diapiren fort. Dieses ist von besonderem Interesse, falls die Grenzschicht eine vom Mantel abweichende chemische Zusammensetzung hat (etwa weil sie subduziertes Material ozeanischer Kruste enthält: Hofmann und White, 1982), denn das würde fortlebende Heterogenität der Diapire bewirken und könnte die kleinräumige chemische Heterogenität erklären, die z. B. bei Ozeaninselbasalten selbst innerhalb einzelner Inselgruppen beobachtet wird. Modellrechnungen haben ferner gezeigt, daß die untere Grenzschicht in der Tat instabil wird, wenn ein etwa vorhandener chemisch bedingter Dichtekontrast geringer ist als der thermisch bedingte. Es ergab sich außerdem, daß die Aufstiegsgeschwindigkeit der Diapire fast ausschließlich von der Viskosität des umgebenden Mantels bestimmt wird. Wenn diese kleiner als 10^{22} Pa· s wäre, müßte der Erdkern heute durch und durch „gefroren" sein, da die Wärme über die Diapire effektiv abgeführt worden wäre. Da der äußere Kern heute noch flüssig ist, muß die Viskosität des unteren Mantels größer sein als 10^{22} Pa· s.

In Bezug auf die Konvektion und das Abtauchen (die Subduktion) von *Lithosphärenplatten* ist die seismische Diskontinuität in 670 km Tiefe von großem Interesse (Christensen und Yuen, 1984). Können die subduzierten

Platten diese Diskontinuität im Mantel durchdringen? Zur Zeit ist noch ungeklärt, ob es sich dabei um eine Phasengrenze oder eine chemische Grenze handelt. Im Modell wurde das Plattenverhalten mittels einer stark nicht-linearen Rheologie simuliert. Wenn z. B. der gesamte Dichtekontrast ~9 % beträgt und der größte Teil davon chemischer Natur ist, kann die Platte die Grenze nicht durchdringen; jedoch wird die Grenze um mehr als 50 km nach unten verbogen (Abb. 6-2a). Liegt der chemisch bedingte Dichtekontrast jedoch unter 4,5 %, so dringt die Platte wenigstens einige hundert Kilometer tiefer ein (Abb. 6-2b), bei <2 % wohl bis zur Kern-Mantel-Grenze (Abb. 6-2c). Die chemische Schichtung würde dabei langfristig zerstört. Falls die 670 km-Diskontinuität das Resultat einer endothermen Phasenumwandlung ist, wird die Phasengrenze innerhalb der kalten abtauchenden Lithosphärenplatte nach unten verschoben und bremst weiteres Abtauchen. Das heißt aber nicht, daß die Phasengrenze für Materieaustausch vollständig undurchlässig sein muß; man muß sogar mit einer beträchtlichen „Leckrate" rechnen, so daß auch aus dem unteren Mantel Material zur Oberfläche gelangen kann.

Hinsichtlich der *Mantelkonvektion* werden heute zwei Varianten diskutiert: entweder der Materialkreislauf erfaßt den gesamten Bereich zwischen Kern und Oberfläche oder es gibt getrennte Kreisläufe in zwei übereinanderliegenden Mantelschichten. Unsere Modelluntersuchungen lassen keine Entscheidung für die eine oder andere dieser Konvektionsmoden zu; beide scheinen möglich. Andererseits haben die verschiedenen Modelle Konsequenzen für die laterale Mantelstruktur, (z. B. die erwähnten Verbiegungen der seismischen Diskontinuität) und können zu weiteren kritischen Experimenten in der Hochdruckmineralogie und der Seismologie anregen.

In den letzten Jahren ist die Untersuchungsmethode der seismischen *Tomographie* entwickelt worden, mit deren Hilfe laterale seismische Geschwindigkeitsvariationen im Mantel aufgelöst werden (Dziewonski, 1984; Woodhouse & Dziewonski, 1984). Die ersten Ergebnisse, besonders in Verbindung mit dem Schwerefeld, geben Hinweise auf die tatsächlichen Mantelströmungen (Hager, 1984). Bezüglich ihrer Form besteht nach wie vor Unklarheit (Jacoby, 1985). Gibt es zwei dominante Aufstromzentren der Konvektion (unter Afrika und unter dem westlichen Pazifik) oder vielleicht vier (Nordatlantik, Südindik, Australien und unter dem südöstlichen Pazifik)? Wie weit läßt sich Mantelkonvektion überhaupt als Zellularkonvektion auffassen? Die gegenwärtigen Spekulationen dürften in naher Zukunft durch verbesserte Ergebnisse der Tomographie und feinauflösende Modellrechnungen mit Hilfe einer neuen Computergeneration ersetzt werden.

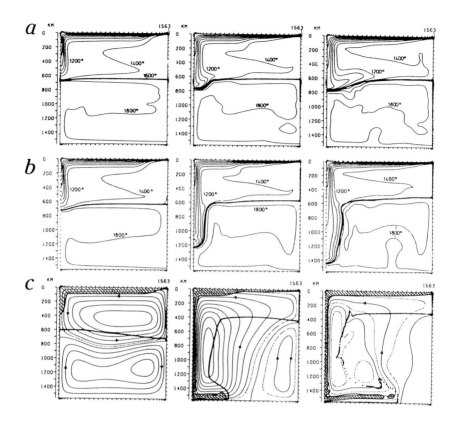

Abb. 6-2: Ein numerisches Modell zur Konvektion in einem chemisch geschichteten Mantel mit einer rheologisch definierten Lithosphäre; die effektive Viskosität der Lithosphäre ist dabei temperaturabhängig und nicht-linear. Die Rayleigh-Zahl $Ra = \alpha g\, \Delta T h^3 / \kappa v$ ist 10^7 (α = thermischer Ausdehnungskoeffizient; g = Schwerebeschleunigung; ΔT = Temperaturdifferenz zwischen unterer und oberer Grenze; h = Mächtigkeit der konvektierenden Schicht; κ = Temperaturleitfähigkeit; v = kinematische Viskosität).

a) Der chemisch bedingte relative Dichtekontrast $\Delta\rho_{ch}/\rho$ beträgt 6 %. Gezeigt werden die Isothermen (dünne Linien in 200K Intervallen) und die chemische Grenze (dicke Linie) in drei Entwicklungsstadien (nach 33, 67,5 und 135 Ma). Die Lithosphäre, die sich auch durch hohe Viskosität auszeichnet, ist an den dicht gescharten Isothermen gut zu erkennen. Sie legt sich im späten Stadium auf die chemische Grenze und dellt sie um ~130 km ein.

b) $\Delta\rho_{ch}/\rho = 3\,\%$; Darstellung wie bei a); drei Entwicklungsstadien nach 34,5, 66 und 124 Ma. Im späten Stadium ist die Lithosphäre fast bis zum Boden der konvektierenden Schicht abgetaucht und hat die chemische Grenze entsprechend mitgenommen.

c) $\Delta\rho_{ch}/\rho = 1.5\,\%$; Entwicklungsstadien nach 37, 55 und 93,5 Ma. Neben der 1000 °C-Isotherme werden vor allem die Stromlinien (dünne Linien) und die chemische Grenze

92

6.3 Mantelevolution und Vulkanismus

Die Tatsache, daß der Erdmantel nicht statisch ist, sondern sich durch intensive Konvektion ständig selbst umwälzt, bedeutet, daß Material aus Hunderten, wahrscheinlich sogar Tausenden von Kilometern Tiefe in Oberflächennähe transportiert wird, dort teilweise aufschmilzt und so bis zur Erdoberfläche gelangt. Basalte sind also Mantelsonden, mit deren Hilfe sich Chemismus und Entwicklung dieses Konvektionssystems erforschen lassen. Ozeanische Basalte sind dafür besonders geeignet, da hier die Wahrscheinlichkeit der Kontamination durch Krustenmaterial am geringsten ist.

Ozeanische Basalte entstehen in drei verschiedenen Bereichen: *Ozeanboden, Ozeaninseln* und *Inselbögen.* Der letztgenannte Bereich ist eng mit der Subduktion assoziiert, und Inselbogenbasalte sind in ihrem Chemismus mehr oder weniger stark überprägt von subduzierten Sedimenten und volatilen Komponenten. Nur die Ozeanboden- und die Ozeaninselbasalte liefern deshalb weitgehend unverfälschte chemische und isotopische Daten über die Zusammensetzung des Erdmantels.

Ozeanbodenbasalte entstehen im Bereich der mittelozeanischen Rücken. Ihr Chemismus gibt deutliche Hinweise darauf, daß der ozeanische Mantel an Mantel-inkompatiblen Elementen, z. B. den leichten Lanthaniden sowie K, Rb, Cs, Ba, Th und U verarmt ist. Wegen der langzeitig besonders niedrigen Rb/Sr-, Nd/Sm- und Hf/Lu-Verhältnisse im Mantel werden in den Ozeanbodenbasalten besonders niedrige ^{87}Sr/^{86}Sr, ^{143}Nd/^{144}Nd und ^{176}Hf/^{177}Hf-Verhältnisse gemessen. Schon seit der erdgeschichtlichen Frühzeit sind die inkompatiblen Elemente, da sie sich gern in Schmelzen und volatilen Phasen anreichern, bevorzugt aus dem Mantel in die Kruste gewandert und daher dort entsprechend angereichert. Daher sind beide Systeme, kontinentale Kruste und ozeanischer Mantel, chemisch weitgehend komplementär. Dies ist nicht weiter verwunderlich, da sich die kontinentale Kruste letztendlich aus dem Mantel gebildet hat.

(Punktkette) gezeigt; Regionen, die kälter sind als 1000 °C, sind außerdem schraffiert. Die „Momentaufnahmen" stellen keine stationären Strömungsbilder dar, und Stromlinien, welche die chemische Grenze schneiden, illustrieren nur, daß die Grenze wandert. Die abtauchende Lithosphäre führt zur teilweisen Umwälzung der gravitativ an sich stabilen chemischen Schichtung.

Wesentlich problematischer ist die Interpretation der *Ozeaninselbasalte*. Diese sind verhältnismäßig „angereichert", d. h. ihre Spurenelementkonzentrationen zeigen relativ hohe Gehalte an leichten Lanthaniden, K, Rb, Cs, Ba, Th, U sowie Isotopenverhältnisse, die auf hohe Verhältnisse von Rb/Sr, Nd/Sm und Hf/Lu hindeuten. Für die Erklärung dieses Phänomens konkurrieren in der Literatur im wesentlichen drei Modellvorstellungen.

Die einfachste ist, daß die *Ozeaninseln aus einem Teil des Mantels* stammen, der von der Verarmung nicht oder nur wenig betroffen ist, der also noch weitgehend „primitiv" ist. Für dieses Modell spricht die Beobachtung, daß manche Ozeaninselbasalte besonders hohe Konzentrationen von ^{3}He enthalten. Helium entweicht dem Schwerefeld der Erde innerhalb kurzer Zeit, nachdem es in die Atmosphäre gelangt ist. Die Ozeaninselbasalte enthalten also Gase, die bei der Akkretion in die Erde eingebaut wurden und die deshalb auf eine primitive Mantelregion hindeuten. Erstaunlicherweise finden sich aber auch in den „verarmten" Ozeanbodenbasalten beträchtliche Mengen von ^{3}He. Es ist deshalb heute noch unklar, wo das Reservoir für dieses Uredelgas zu suchen ist.

Das zweite Modell erklärt die charakteristische Anreicherung der Ozeaninselbasalte durch *Mantelmetasomatose*. Danach werden die inkompatiblen Elemente durch aufsteigende fluide Phasen in den oberen Erdmantel transportiert. Die Erhöhung des Volatilgehaltes erniedrigt den Schmelzpunkt im oberen Mantel, so daß die Metasomatose auch die Schmelzbildung auslösen könnte. Für dieses Modell sprechen die zahlreichen Beobachtungen von metasomatischen Phänomenen in Mantelxenolithen. Allerdings kann über die Reichweite dieser Metasomatose aus diesen Beobachtungen sehr wenig geschlossen werden.

Das dritte Modell fußt auf der Idee des *Recycling*. Die Hypothese, daß das Volumen der Kontinente konstant ist und daß deshalb kontinentales Material wieder in den Mantel zurückgeführt wird, wird von Armstrong (1968) seit langem vertreten. Im Mittelpunkt unserer Überlegungen dazu steht dagegen die Beobachtung, daß bei der Subduktion vor allem ozeanische Kruste mit nur untergeordneten Mengen von Sedimenten in den Mantel zurückgeführt werden (Hofmann und White, 1982). Eine vor langer Zeit subduzierte ozeanische Kruste könnte als Ausgangsmaterial für die heutigen Ozeaninselbasalte dienen (siehe Abb. 6-3). Inzwischen wurden weitere Abwandlungen des Recycling-Modells veröffentlicht (z. B. McKenzie und O'Nions, 1983). Wesentlich ist, daß das zurückgeführte Material trotz Mantelkonvektion langzeitig seine chemische Identität behält. Nur dann kann es in den besonderen chemischen und isotopischen Merkmalen der Ozeaninselbasalte wiedererkennbar sein.

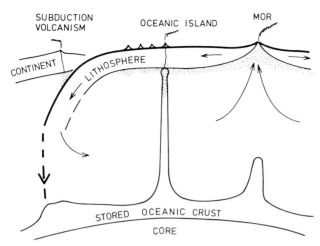

Abb. 6-3: Recycling-Modell für den Ursprung von Ozeaninseln (nach Hofmann und White, 1982). Ozeanische Kruste wird subduziert und zu Eklogit umgewandelt, der infolge seiner hohen Dichte in den tieferen Mantel absinkt. Das hier gespeicherte Krustenmaterial heizt sich langsam auf. Nach 1-2 Ga steigt es als „Plume" auf, schmilzt im oberen Mantel partiell und bildet Ozeaninselvulkane.

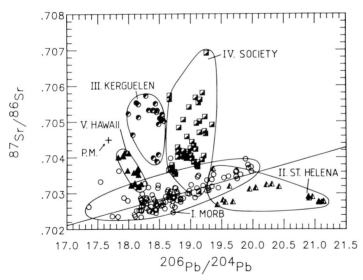

Abb. 6-4: $^{87}Sr/^{86}Sr$- und $^{206}Pb/^{204}Pb$-Verhältnisse in Ozeanbodenbasalten (mid-ocean ridge basalts = MORB) und in Basalten vier isotopisch unterschiedlicher Ozeaninselgruppen. P.M. = primitiver Mantel.

Unsere Arbeiten behandeln verschiedene Aspekte der oben umrissenen Problematik. Durch eine Vielzahl von Analysen von isotopisch „exotischen" Ozeaninselbasalten (z. B. Samoa, Gesellschaftsinseln, Tubuaii, Komoren; Vidal et al., 1984; White und Hofmann, 1982) wurde untersucht, inwieweit das erste Modell noch haltbar ist, das nur zwei Mantelreservoire zuläßt, ein verarmtes und ein primitives. Die Ergebnisse, zusammengefaßt von White (1985), zeigen, daß es mindestens fünf isotopisch verschiedene „Mantelreservoire" gibt (siehe Abb. 6-4). Das einfache Zweikomponentenmodell entspricht also nicht mehr den Beobachtungen.

Ein weiterer Ansatz ist der Versuch, den möglichen Anteil von subduzierten Sedimenten an Vulkaniten zu bestimmen. Der *Subduktionsvulkanismus* von intraozeanischen Inselbögen steht dafür als natürliches Experiment zur Verfügung. Die Konzentrationen von Blei in Tiefseesedimenten sind mindestens 100 mal höher als in Mantelgesteinen. Deshalb wird schon ein geringer Beitrag von subduziertem Sediment die Bleiisotopie eines Inselbogenbasaltes völlig dominieren. Im Falle des Neodyms unterscheiden sich die Konzentrationen dagegen nur um etwa einen Faktor 10. Mit Hilfe von Isotopenbestimmungen und Massenbilanzrechnungen wurde so der Sedimentanteil bei verschiedenen Inselbogenbasalten auf etwa 1–5 % geschätzt (White und Patchett, 1984). In reinen Ozeaninselbasalten ist aber die Sedimentsignatur noch schwächer als in Inselbogenbasalten. Recycling von Sedimenten spielt deshalb keine ausschlaggebende Rolle im Chemismus von Ozeaninseln. Vergleichende Analysen von Lu/Hf und Sm/Nd-Verhältnissen in verschiedenen Tiefsee- und kontinentalen Sedimenten zeigten ebenfalls, daß die Sedimentkomponente nur in sehr kleinen Mengen in ozeanischen Basaltschmelzen vorhanden sein kann (Patchett et al., 1984).

Die **Suche nach geochemischen Indikatoren,** die zwischen Recycling von kontinentalem und ozeanischem Krustenmaterial unterscheiden können, führte zur Untersuchung der Häufigkeiten von Nb und Ta. Dies sind (wie auch die seltenen Erden, sowie U, Th und Ba) refraktäre, lithophile bzw. oxiphile Elemente, deren ursprüngliche Häufigkeiten im primitiven Mantel aus den Häufigkeiten in Cl-Chondriten gut ableitbar sind. Zunächst wurde die Cl-Häufigkeit von Niob durch Analysen von kohligen Chondriten bestimmt. Sodann wurde Nb zusammen mit anderen inkompatiblen Spurenelementen in einer Vielzahl von ausgesucht frischen Ozeanboden- und Ozeaninselbasalten analysiert (Hofmann et al., 1986). Dabei zeigte sich, daß Nb und U erstaunlich gut miteinander korrelieren und in fast allen bisher untersuchten Proben ein konstantes Verhältnis von Nb/U = 46 bilden, und zwar unabhängig vom Grad der Anreicherung oder Verarmung

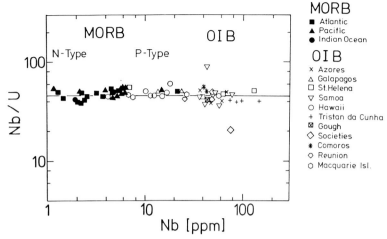

Abb. 6-5: Nb/U-Verhältnis gegen Nb-Konzentration in ozeanischen Basalten. Das mittlere Verhältnis Nb/U = 46 ist vom Anreicherungsgrad der Basalte unabhängig (MORB = mid-ocean ridge basalt; OIB = ocean island basalt). Es ist signifikant höher als der Wert Nb/U = 30 in Cl-Chondriten und als das mittlere Verhältnis Nd/U = 11 der kontinentalen Kruste.

der Basalte (Abb. 6-5). Solche konstanten Spurenelementverhältnisse wurden schon früher in ozeanischen Basalten gefunden, z. B. Ba/Rb, Cs/Rb, K/U und Zr/Hf (Hofmann und White, 1983; Jochum et al., 1983; Jochum et al., 1985). In allen diesen Fällen schien das konstante Elementverhältnis in den Basalten identisch mit dem entsprechenden Verhältnis im primitiven Mantel zu sein. Im Gegensatz dazu ist aber das Nb/U-Verhältnis von 46 wesentlich höher als der entsprechende Wert von 30 für den primitiven Mantel und als der durchschnittliche Krustenwert von etwa 11. Damit wurde nun ein Elementverhältnis von zwei eindeutig oxiphilen Elementen gefunden, das sich auch in den Ozeaninselbasalten klar vom entsprechenden Verhältnis im primitiven Mantel unterscheidet. Dies ist ein weiterer Beweis dafür, daß die Ozeaninselbasalte weder aus primitivem Mantelmaterial stammen noch durch Recycling von kontinentalem Material entstanden sind. Vermutlich entsteht diese globale Nb-U-Fraktionierung infolge der Subduktion. Inselbogenbasalte zeichnen sich nämlich durch ein deutliches Defizit von Nb und Ta gegenüber anderen inkompatiblen Elementen aus. Dieser Effekt ist so deutlich, daß er von vielen Autoren zur chemischen Identifizierung des Bildungsmilieus von Vulkaniten verwendet wird. Obwohl viele Indizien für die grundsätzliche Richtigkeit des Recycling-Modells sprechen, sind andere Fragen noch offen, wie z. B. die quantitative Rolle der Mantelmetasomatose und die Mobilität der Edelgase im Erdmantel.

Zum Verständnis der Prozesse, denen partielle Mantelschmelzen bei ihrem Aufstieg durch den oberen Mantel und durch die Kruste unterworfen sind, wurden auch Erscheinungsformen und Ablagerungen von basisch-ultrabasischen Vulkanen untersucht.

Die im oberen Erdmantel durch partielle Schmelzbildung entstandenen basisch-ultrabasischen Magmen sollten nach mineralogischen, geochemischen und experimentell-petrologischen Untersuchungen bei abnehmendem SiO_2-Gehalt der Magmen zunehmende *Gehalte an volatilen Phasen* aufweisen (z. B. ungefähr 7 Gew. % H_2O und 7 Gew. % CO_2 bei Olivin-Melilithiten und Kimberliten; Brey, 1978). Diese volatilen Phasen werden in den Magmen bei ihrem Aufstieg durch den Mantel und die Kruste in gelöster Form mitgeführt. Erst nahe der Erdoberfläche kommt es zu einer Entmischung dieser Phasen. Bei zahlreichen beobachteten Vulkanausbrüchen basischer und ultrabasischer Magmen kommt es im subaerischen Bereich zur Freisetzung von Gasphasen und deshalb zur Bildung von Lavafontänen. Bei ausreichender Abschreckung der Lavafragmente durch die Luft wird der Entgasungszustand weitgehend eingefroren, und es häufen sich um den Förderort Schlackenkegel-Vulkane auf, wie zum Beispiel bei zahlreichen Ausbrüchen auf Hawaii oder auf Island.

In Gebieten mit Schlackenkegeln finden sich oft, durch das gleiche Magma gebildet, auch Maare. Ein **Maar** ist ein bis 2 km großer Krater, der in die präeruptive Landoberfläche eingeschnitten, von einem flachen Tuffwall umgeben und von einem bis 2,5 km tiefen Tuffschlot unterlagert ist. Seit vielen Jahren wurden die Maare mit ihren Tuffschloten, wie zum Beispiel die Maare der Westeifel, dem klassischen Maargebiet der Erde, als Ausdruck explosiver Entmischung der volatilen Phasen der jeweiligen Magmen angesehen.

Für Magmen saurer bis basischer Chemie weiß man schon seit einigen Jahren, daß die explosive Bildung ihrer Maare und Tuffschlote auf phreatomagmatische Explosionen zurückzuführen ist (Waters und Fisher, 1970). *Phreatomagmatische Explosionen* finden statt, wenn aufsteigendes Magma mit Grund- oder Oberflächenwasser in Kontakt kommt und dabei Wasserdampfexplosionen stattfinden. Solche phreatomagmatischen Explosionen wurden 1963/1964 bei der Bildung der Insel Surtsey im Nordatlantik und 1965 beim Ausbruch des Taalvulkanes am Taal-See auf den Philippinen beobachtet. Die hierbei gewonnenen Erkenntnisse haben für die Erforschung des explosiven Vulkanismus, auch der geologischen Vergangenheit, große Bedeutung erlangt.

Für ultrabasische Magmen herrschte lange Zeit die Ansicht, daß ihre Maare und Tuffschlote auf explosive Entmischung volatiler Phasen ohne Mitwirkung von externem Wasser zurückzuführen sind (Wyllie, 1978; Yoder, 1976). Jedoch haben wir nachgewiesen, daß unabhängig vom jeweiligen Magmatyp, ihre Bildung auf Wasserdampfexplosionen zurückgeführt werden muß. So sind zum Beispiel die während der Explosionen gebildeten und dabei abgeschreckten Magmafragmente immer blasenfrei oder blasenarm. Offensichtlich befand sich das jeweilige Magma zum Zeitpunkt der Explosionen nicht in einem intensiven Entmischungsprozeß, nicht in einem aufgeschäumten Zustand, so daß volatile Phasen des geringviskosen Magmas die Explosionen nicht verursacht haben konnten. Folglich müssen auch diese Vulkane durch Magma-Wasser-Kontakt und Wasserdampfexplosionen gebildet worden sein (Lorenz, 1984).

Dieser Schluß wird durch andere Beobachtungen gestützt: Die zahlreichen mm bis dm mächtigen Tuffschichten der Maare und Tuffschlote ultrabasischer Magmen – einschließlich der kimberlitischen Magmen – weisen auf viele Einzeleruptionen hin sowie auf einen geringen Massendurchsatz pro Einzeleruption. Vulkanologisch-sedimentologische Kriterien zeigen, daß die Tuffschichten zur Zeit ihrer Ablagerung feucht bis sehr wasserreich waren, also kondensierter Wasserdampf der Eruptionswolken mit zur Ablagerung kam. Die daraus ableitbaren Wassergehalte sind viel höher als diejenigen, die für die Schmelzbildung der jeweiligen Magmen notwendig sind – ein Hinweis, daß es sich um Wasser externer Herkunft handeln muß. Auch der hohe Gehalt der Tuffe an kleinen Nebengesteinsfragmenten aus der Wandung der Tuffschlote läßt auf einen explosiven hydraulischen Fragmentationsprozeß schließen, der nicht allein auf die Entmischung volatiler Phasen aus den geringviskosen Magmen zurückgeführt werden kann. Experimentelle Untersuchungen von Wasserdampfexplosionen, die durch den Kontakt von metallischen Schmelzen und Wasser bei ausreichender Vermischung beider Medien stattfanden, lassen erkennen, daß der schnelle Wärmetransfer aus der Schmelze in das Wasser solche explosiven Fragmentationsprozesse auslöst (Fröhlich und Unger, 1985). Dies ergibt sich auch aus ersten Experimenten mit Thermitschmelzen (Wohletz und McQueen, 1984) sowie mit carbonatitischen und silikatischen Schmelzen (Zimanowski et al., 1986).

Durch Wasser oder Wasserdampf wurden in den Tuffschloten von basischen und ultrabasischen Magmen in Tiefen von wenigen 100 bis 2500 m unter der Erdoberfläche die Magmafragmente eingefroren. Der blasenarme bis blasenfreie Zustand der Magmafragmente zeigt an, daß das Magma selbst in diesen geringen Tiefen blasenarm bis blasenfrei war, als

Abb. 6-6: Wasserdampfreiche Eruptionswolke des östlichen Ukinrek Maares, Alaska. Die beiden Ukinrek Maare brachen 1977 aus, weil aufsteigendes Magma mit Grundwasser in Kontakt kam.

die Explosionen stattfanden, daß es also nicht nur keine hohen Gehalte volatiler Phasen entmischte, sondern daß es in diesen geringen Tiefen unter der Erdoberfläche keine hohen Gehalte an volatilen Phasen enthielt. Dies wird bestätigt durch Schlackenkegel, die in unmittelbarer Nachbarschaft von Maaren auf denselben Förderspalten fast gleichzeitig ausbrachen (Lorenz, 1986). Ihre Schlacken sind durch die Entmischung von volatilen Phasen nur normal blasig und weisen auch nur auf normale geringe Gehalte an volatilen Phasen im jeweiligen Magma an und nahe unter der Erdoberfläche hin. Aus unseren Untersuchungen ergibt sich damit, daß die für die partielle Schmelzbildung im oberen Mantel notwendigen und von den Magmen mitgeführten hohen Gehalte an volatilen Phasen auf dem Weg zur Erdoberfläche bereits großenteils abgegeben waren (Lorenz, 1986). Folglich hätten die die Aufstiegswege der Mantelmagmen umgebenden Gesteine im oberen Mantel und in der Erdkruste diese volatilen Phasen aufgenommen und wären durch sie chemisch verändert worden. Solche metasomatischen Veränderungen von Mantel- und Krustengesteinen werden zunehmend in der Literatur aufgezeigt und

100

könnten mit langsam aufsteigenden Mantelmagmen ursächlich in Zusammenhang stehen.

Als Test für unser Modell der phreatomagmatisch gebildeten Maare und Tuffschlote haben wir an den Auswurfprodukten der 1977 in Alaska ausgebrochenen Ukinrek-Maare (Abb. 6-6) Untersuchungen durchgeführt. Die volatilen Phasen in den explosiv ebenso wie in den nicht-explosiv geförderten Magmafragmenten weisen auf ein einziges Magmareservoir mit ziemlich homogener Verteilung der volatilen Phasen hin. Hierdurch wird der Einfluß des externen Grundwassers auf das explosive Ausbruchverhalten besonders deutlich demonstriert.

6.4 Krustenevolution und Geodynamik

Die Entwicklung der kontinentalen Kruste in der *Frühzeit der Erde* ist auch heute noch weitgehend unbekannt und umstritten. Zum einen deuten Isotopendaten an, daß weite Teile des frühen Erdmantels schon seit ca. 3,5 Ga (Milliarden Jahre) an der Produktion erheblicher Mengen kontinentaler Kruste beteiligt waren; nahezu 80 % des heutigen Krustenvolumens waren bereits gegen Ende des Archaikums vor 2,5 Ga vorhanden. Andererseits gibt es immer noch keinen eindeutigen Beweis für Krustenteile mit einem Alter von über 4,0 Ga, und der Anteil archaischer Gesteine an der heute aufgeschlossenen Kruste ist bei weitem nicht 80 %. Entweder muß daher weltweit ein erheblicher Teil der unserer Beobachtung nur schwer zugänglichen kontinentalen Unterkruste sehr alt sein oder große Teile der frühen Kruste wurden durch Recycling-Prozesse zerstört und dabei z. T. in den Erdmantel zurückgeführt. Darüber hinaus ist weiterhin offen, ob der Mechanismus der heutigen Plattentektonik für Krustenwachstum und -deformation allein verantwortlich war und seit wann es überhaupt Plattentektonik gibt.

Die Arbeiten der Forschergruppe konzentrieren sich auf die geochemisch-isotopische Untersuchung von frühharchaisch bis mittelproterozoischen Grünsteinen in Afrika, Australien und Kanada, von mittelproterozoischen Magmatiten des Kanadischen und Baltischen Schildes sowie auf eine geologisch-geochemische Analyse der Krustenbildungsprozesse im spätproterozoischen Nubischen Schild Nordost-Afrikas. Darüber hinaus werden paläomagnetische Arbeiten an archaischen Intrusivkomplexen des Kaapvaal-Kratons im südlichen Afrika durchgeführt.

Die Untersuchung der Grünstein-Abfolgen *(greenstone belts)* zeigte einerseits, daß der Erdmantel schon seit dem frühen Archaikum (ab ca.

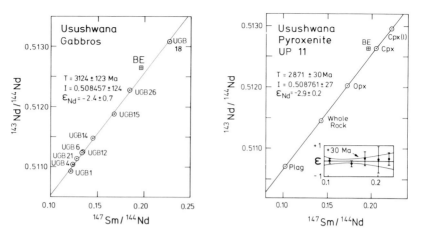

Abb. 6-7: Beispiel einer Mischungslinie anhand von Gesamtgesteins-Proben aus dem Usushwana Komplex von Swasiland (links), die ein zu hohes „Alter" ergibt. Das richtige Alter zeigt eine interne Mineral/Gesamtgesteins-Isochrone (rechts). BE bedeutet bulk earth (aus Hegner et al., 1984).

3,8 Ga) geochemisch heterogen und an bestimmten inkompatiblen Spurenelementen verarmt war (z. B. positive $\varepsilon_{Nd(T)}$-Werte); andererseits sind wahrscheinlich nicht alle mafisch-ultramafischen Grünstein-Magmatite als reine Mantelderivate anzusehen, da sie offensichtlich auf dem Weg zur Oberfläche mit älterer kontinentaler Kruste oder auch mit Sedimenten kontaminiert wurden (Huppert et al., 1984). Für archaische Gesteine wurde dies erstmals in Mainz an Beispielen aus Kanada (Cattel et al., 1984) Swasiland (Hegner et al., 1984) und Westaustralien (Chauvel et al., 1985) nachgewiesen. Infolge einer nahezu homogenen Durchmischung von Mantelmagmen und Krustenderivaten ergaben sich im Sm-Nd-System Pseudo-Isochronen mit wesentlich zu hohen „Altern". Das richtige Alter konnte aus der U/Pb-Isotopie oder aus internen Sm-Nd-Mineralisochronen ermittelt werden (Abb. 6-7). Wir interpretieren diese geologisch irreführenden Pseudo-Isochronen als Mischungslinien und stellen fest, daß die Datierung von präkambrischen Magmatiten mit Hilfe der Sm-Nd Methode nicht unproblematisch ist. Darüber hinaus geben solche Gesteine nicht immer die richtige Information über die Geochemie der Mantelschmelzen, aus denen sie letztlich stammen. Schlußfolgerungen über archaische Mantelheterogenitäten, die allein aus der Nd-Systematik von Grünstein-Vulkaniten abgeleitet werden, sind daher mit Vorsicht zu betrachten.

Der Nachweis von *Krustenkontamination* in solchen Grünstein-Magmen schließt aus, daß es sich hierbei um Schmelzen handelt, die sich in einem rein ozeanischen Milieu analog zur Bildung moderner ozeanischer Kruste entwickelten. Ein Graben- oder Randbecken-Modell mit Ablagerung der Grünsteine auf einer älteren kontinentalen Kruste erscheint plausibler. Bei der Magmenbildung und -kontamination sind daher Prozesse wie „magmatic underplating" nicht auszuschließen, wie sie auch für moderne Riftsysteme angenommen werden (Kröner, 1985a).

Unter den verschiedenen Magmentypen der Grünstein-Abfolgen nehmen die *Komatiite* eine Schlüsselstellung ein. Komatiite sind ultramafische Ergußsteine, die sich durch extrem hohe Schmelztemperaturen von bis zu 1600°C auszeichnen. Sie sind erst seit weniger als 20 Jahren als solche erkannt und beschrieben worden. Sie kommen in allen Grünsteinzonen des Archaikums vor, werden aber in jüngeren Formationen zunehmend seltener. Im Phanerozoikum (dem Zeitabschnitt der letzten 600 Ma) gibt es nur ein bekanntes Komatiitvorkommen, nämlich das von der Insel Gorgona in Kolumbien (Aitken und Echeverria, 1984).

Aufgrund der hohen Schmelztemperaturen muß man annehmen, daß Komatiitmagmen sich in mehreren hundert Kilometern Tiefe bilden. Wenn diese sehr heißen Schmelzen in Oberflächennähe gelangen, können sie andere Gesteine zum Aufschmelzen bringen. Dadurch können, wie bereits erwähnt, die Komatiite selbst kontaminiert werden (Abb. 6-8). Wenn dieser Vorgang innerhalb der kontinentalen Kruste stattfindet, bilden sich basaltische Magmen von besonderer Zusammensetzung, wie man sie in den mit Komatiiten assoziierten Basalten auch tatsächlich findet. Wenn dagegen das Komatiitmagma selbst an der Oberfläche eruptiert, kann diese sehr dünnflüssige Schmelze turbulent über Sedimentgesteine fließen und sich dort durch „thermische Erosion" (d. h. Aufschmelzen der Unterlage) selbst ein Bett graben (Huppert et al., 1984). Die daraus resultierende Zufuhr von sedimentären Komponenten zum Komatiitmagma erniedrigt die Löslichkeit des Schwefels im Magma so weit, daß es zur Abscheidung magmatischer Sulfiderze kommt.

Die Ozeankruste des Archaikums ist der direkten Beobachtung heute nicht mehr zugänglich. Aus der weiten Verbreitung der Komatiite für diesen Altersabschnitt zu schließen, ist es aber sehr wahrscheinlich, daß die archaische Ozeankruste vorwiegend durch komatiitischen Vulkanismus gebildet wurde. Dies führte Arndt (1983) zu der Überlegung, daß die archaische Ozeankruste komatiitischer Zusammensetzung dichter war als die heutige Ozeankruste basaltisch-gabbroischer Zusammensetzung. Diese dichte Kruste würde durch Abkühlung weiter an Dichte zunehmen,

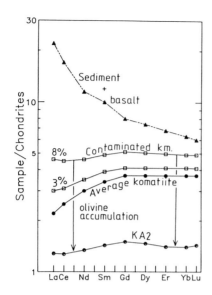

Abb. 6-8: Thermische Erosion und Kontamination des durchschnittlichen Kambalda Komatiites (Westaustralien) mit einem Sediment, verursacht durch turbulentes Ausfließen der heißen, dünnflüssigen Schmelze. Durch diese Kontamination ändert sich das Muster der Seltenen Erden deutlich, wie am Beispiel des Olivin-Kumulates KA2 dargestellt ist (aus Arndt und Jenner, im Druck).

dadurch relativ frühzeitig instabil werden und wieder in den Mantel absinken (Subduktion). Das würde zu einer erheblich größeren Anzahl von konstruktiven und destruktiven Plattenrändern (Ozeanrücken und Subduktionszonen) führen. Damit wäre auch die verhältnismäßig geringe räumliche Ausdehnung der archaischen kontinentalen Schildregionen erklärt.

Fragestellungen zur Genese archaischer Gesteine und zum frühen Krustenwachstum werden erheblich von der Diskussion über mögliche *Plattenbewegungen* zu dieser Zeit beeinflußt. Dazu fanden in Zusammenarbeit mit Wissenschaftlern der Stanford Universität in Kalifornien paläomagnetische Untersuchungen statt. Dabei wurde anhand zahlreicher stabiler Paläo-Pol-Lagen für granitische Plutone und Gabbros eine vorläufige scheinbare Polwanderkurve für den Kaapvaal-Kraton im südlichen Afrika für den Zeitraum von 3,4 Ga bis 2,5 Ga ermittelt, die sich deutlich von den Kurven für die Archaische Superior-Provinz Kanadas und den Pilbara-

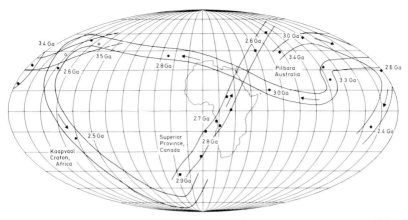

Abb. 6-9: Vorläufige scheinbare Polwanderkurven für den Kaapvaal-Kraton, südliches Afrika, den Pilbara-Kraton, Westaustralien, und die Superior-Provinz, Kanada, aus der sich unabhängige Relativbewegungen mit geringen minimalen Driftraten für das Archaikum ergeben (ergänzt aus Kröner, 1982).

Block von Westaustralien unterscheidet (Abb. 6-9). Damit ist die voneinander unabhängige Bewegung separater Krustensegmente seit dem frühen Archaikum nachgewiesen; es muß also schon damals Plattentektonik in irgendeiner Form gegeben haben. Erstaunlich ist in Anbetracht des für das Archaikum postulierten hohen globalen Wärmeflusses, daß die so abgeleiteten minimalen Driftraten für die archaischen Kontinente (2-8 cm/Jahr) nicht signifikant von denen heutiger Platten abweichen (Kröner et al., 1982). Zwar ist die Datendichte noch gering, aber diese Folgerung wird auch von Modellrechnungen zur Mantelkonvektion unter Annahme variabler Viskosität im Mantel gestützt (Christensen, 1985).

Der Nachweis einer *Polumkehr* (Nordpol wird zum Südpol und umgekehrt) im 3,5 Ga alten Kaapvalley-Tonalitpluton Südafrikas (Layer et al., 1985) belegt die älteste zur Zeit bekannte Umkehr des Magnetfeldes der Erde und zeigt zugleich, daß auch für das frühe Archaikum die Existenz eines dipolaren Feldes und damit eines voll entwickelten Erdkernes angenommen werden kann.

Für eine Untersuchung von Krustenbildungs-Prozessen im späten Proterozoikum wurden die bisher wenig bekannten Gebiete der südlichen Eastern Desert in Ägypten und der *Red Sea Hills* im Sudan ausgewählt, die geologisch zum Nubischen Schild gehören. Dieser Bereich hat große Ähnlichkeiten mit der Geologie des Arabischen Schildes, für den aufgrund voluminöser kalkalkaliner Magmatite und tektonisch segmentierter *Ophio-lithe* (Reste ehemaliger Ozeankruste) das Modell einer spätpräkambrischen intra-ozeanischen Inselbogen-Entwicklung analog der heutigen Evolution des südwestpazifischen Raumes postuliert wird. Hierbei kam es zu weit verbreitetem „juvenilem" Krustenwachstum, d. h. zu Krusten-Neubildung durch Mantelmagmatismus, im Gegensatz zur Entwicklung anderer präkambrischer Orogene oder dem europäischen Herzynikum, wo intrakrustale Schmelzprozesse und tektonische Überprägungen älterer kontinentaler Kruste eine dominierende Rolle spielten (z. B. Martin und Eder, 1983). Die vor ca. 600–950 Ma neu gebildeten arabischen Inselbögen haben durch Kollision mit dem archaisch bis mittelproterozoischen „Nil-Kraton" Nordost-Afrikas den Arabisch-Nubischen Schild gebildet. Bei diesem Prozeß kam dem nubischen Segment besondere Bedeutung zu, da hier der ehemalige spätpräkambrische afrikanische Kontinentalrand vermutet wird.

Unsere Arbeiten in Südost-Ägypten konzentrierten sich bisher auf ein Gebiet zwischen der Küste bei Marsa Alam und einer tektonisch komplizierten Domstruktur bei Hafafit. Hier konnten wir zeigen, daß ehemalige Kontinentalrand-Sedimente zunächst die Bildung eines passiven Plattenrandes bis vor ca. 800 Ma andeuten, während weiter im Osten (im heutigen Arabien) eine Randbecken- und Inselbogen-Entwicklung stattfand. Durch Schließung dieser Becken (Einengung von E nach W) wurde der Plattenrand nunmehr tektonisch und magmatisch aktiv, wobei Subduktion nach W unter die afrikanische Platte zur Bildung voluminöser kalkalkaliner Magmatite führte (Gabbro-Tonalit-Trondhjemit-Granit-Folge). Von E her wurde ozeanische Kruste und Inselbogen-Material auf diesen aktiven Plattenrand aufgeschoben, und es entstanden ausgedehnte Deckenkomplexe mit ophiolitischer Mélange (Abb. 6-10).

Die strukturelle Entwicklung dieser Bewegungen kann in mehrere Deformationsphasen aufgegliedert werden (Greiling et al., 1984), und es ist wahrscheinlich, daß bei der Bildung der Hafafit-Struktur eine ausgeprägte Rampen-Tektonik stattfand. Alle Anzeichen deuten damit auf eine Entwicklung hin, wie sie auch in den Kordilleren und Appalachen Nordamerikas stattgefunden hat.

Die z. T. hervorragend erhaltenen Ophiolithsegmente mit der typischen Struktur ozeanischer Kruste (Abb. 6-11) sind zwar chemisch leicht verändert, zeigen jedoch eine charakteristische Spurenelement-Verteilung, wie sie auch in jüngeren Randbecken-Ophiolithen auftritt (z. B. Oman und Zypern). Auch die Spurenelemente der bisher bearbeiteten basaltisch-andesitischen Metavulkanite deuten „intra-arc spreading"-Prozesse an und

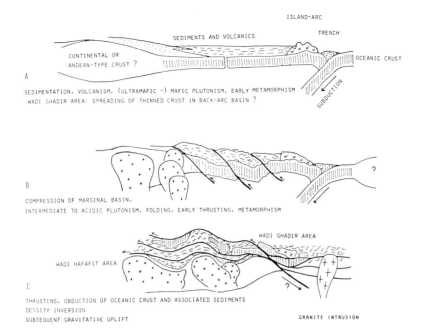

Abb. 6-10: Vereinfachte Skizze zur Illustration der Entwicklung des pan-afrikanischen Kontinentalrandes in Südost-Ägypten. Schnitt ist ungefähr E-W. (aus El Ramly et al., 1984).

unterstützen damit die Annahme einer Entwicklung wie im heutigen Philippinischen Meer.

In den Red Sea Hills des Sudan wurden einige Vulkanitserien detailliert geochemisch bearbeitet, um sie mit ähnlichen Gesteinen in Ägypten und in Saudi Arabien zu vergleichen. Auch hier ist der Inselbogen-Charakter dieser Abfolgen vorherrschend. Isotopendaten geben keinen Anhaltspunkt dafür, daß alte kontinentale Kruste an der Bildung dieser Gesteine beteiligt war (Reischmann et al., 1985). Mehrere Ophiolithgürtel segmentieren die Red Sea Hills in fünf Krustenblöcke und werden von uns als mögliche Nahtstellen *(Suturen)* interpretiert, an denen Inselbogen-Komplexe oder Mikrokontinente zusammenstießen. Der am besten erhaltene Ophiolith ist in den Trockenflüssen Onib und Sudi der nördlichen Red Sea Hills aufgeschlossen. Er enthält eine 3–4 km mächtige Kumulat-Wechselfolge von Gabbros und Ultramafititen mit Chromitlinsen (Hussein et al., 1984), wie sie kürzlich auch auf Zypern erbohrt wurde, und weist wie die Ophiolithe in Ägypten geochemische Merkmale einer Randbecken-Genese auf (Kröner,

Abb. 6-11: Sheeted dyke complex aus dem spätpräkambrischen Ophiolith von Wadi Ghadir, Südost-Ägypten.

1985b). Das Alter dürfte bei ca. 800–850 Ma liegen. Die Ophiolithe Nubiens und Arabiens sind somit die ältesten direkten Zeugen für sea-floor spreading.

Das Alter der Magmatite der Red Sea Hills liegt zwischen ca. 900 Ma und 650 Ma und ist damit den Altern der Magmatite in Saudi Arabien und Ägypten vergleichbar. Eine direkte geotektonische Korrelation über das Rote Meer in den Arabischen Schild ist jedoch bisher nur teilweise möglich; nur einige der Ophiolithgürtel lassen sich aus den Red Sea Hills nach Arabien verfolgen.

Das Auftreten einzelner regional eng begrenzter Gebiete mit mittelproterozoischen Gesteinen in Saudi Arabien sowie das lokale Vorkommen von hochgradigen Gneisen und klastischen Sedimenten in den Red Sea Hills hat uns zu der Spekulation veranlaßt, daß am Aufbau der einzelnen Krustensegmente des Arabisch-Nubischen Schildes auch Mikrokontinente oder deren Bruchstücke beteiligt sind, die ihren Ursprung nicht unbedingt im Bereich Nordost-Afrikas haben (Kröner, 1985b) und die auch aus jüngeren Faltengebirgen als sog. „*exotic terranes*" bekannt sind (Jones et al., 1983). Wir können solche Terranes bisher zwar noch nicht direkt nachweisen, ihr Auftreten ist jedoch analog der Entwicklung des indonesischen Archipels zu erwarten.

Insgesamt gesehen reflektiert die panafrikanische Krustenentwicklung im gesamten Arabisch-Nubischen Schild Prozesse, wie sie auch heute im Südwest-Pazifik stattfinden. Es ist daher kaum noch zu bezweifeln, daß die moderne Plattentektonik zumindest in den letzten 900 Ma der Erdgeschichte die Entwicklung der kontinentalen Kruste bestimmt hat. Darüber hinaus dokumentiert der Arabisch-Nubische Schild eine wichtige Periode juvenilen Krustenwachstums vor ca. 900–600 Ma.

6.5   Literatur

Aitken, B. & Echeverria, L. M. (1984): Petrology and geochemistry of komatiites and tholeiites from Gorgona Island, Colombia. Contrib. Mineral. Petrol. **86**, 94–105.

Armstrong, R. L. (1968): A model for the evolution of strontium and lead isotopes in a dynamic earth. Rev. Geophysics **6**, 175–199.

Arndt, N. T. (1977): Ultrabasic magmas and high-degree melting of the mantle. Contrib. Mineral. Petrol. **64**, 205–221.

Arndt, N. T. (1983): Role of a thin, komatiite-rich oceanic crust in the Archean plate-tectonic process. Geology **11**, 372–375.

Arndt, N. T. & Jenner, G. A. (1986): Kambalda komatiites and basalts: magmas from Archean mantle containing subducted sediments. Chem. Geol. **56**, 229–255.

Brey, G. (1978): Origin of olivine melilitites – chemical and experimental constraints. J. Volcanol. geotherm. Res. **3**, 61–88.

Cattell, A., Krogh, T. R. & Arndt, N. T. (1984): Conflicting Sm-Nd whole-rock and U-Pb zircon ages for Archean lavas from Newton Township, Abitibi belt, Ontario. Earth Planet. Sci. Lett. **70**, 280–290.

Chauvel, C., Dupré, B. & Jenner, G. A. (1985): The Sm-Nd age of Kambalda volcanics is 500 Ma too old! Earth planet. Sci. Lett. (im Druck).

Christensen, U. (1984): Instability of a hot boundary layer and initiation of thermo-chemical plumes. Ann. Geophys. **2**, 311–320.

Christensen, U. (1985): Thermal evolution models for the earth. J. Geophys. Res. **90**, 2995–3007.

Christensen, U. & Yuen, D. A. (1984): The interaction of a subducting lithospheric slab with a chemical or phase boundary. J. Geophys. Res. **89**, 4389–4402.

Dreibus, G. & Wänke, H. (1979): On the chemical composition of the Moon and the eucrite parent body and a comparison with the composition of the Earth. In: Lunar and Planetary Science-X, Lunar Planet. Inst., Houston, 315–317.

Dziewonski, A. M. (1984): Mapping the lower mantle: Determination of lateral heterogeneity in P velocity up to degree and order 6. J. Geophys. Res. **89**, 5929–5952.

El Ramly, M. F., Greiling, R., Kröner, A. & Rashwan, A. A. (1984): On the tectonic evolution of the Wadi Hafafit area and environs. Eastern Desert of Egypt. Bull. Fac. Earth Sci., Univ. Jeddah, **6**, 113–126.

England, P. C. (1979): Continental geotherms during the Archean. Nature **277**, 556–558.

Flasar, F. M. & Birch, F. (1973): Energetics of Core formation: a correction. J. Geophys. Res. **78**, 6101–6103.

Fröhlich, G. & Unger, H. (1985): Investigations of steam explosions for prevention of severe accidents in plants. ICOSSAR 85, Int. Conf. on Structural Safety and Reliability, Kobe, Japan.

Green, D. H. (1981): Petrogenesis of Archaean ultramafic magmas and implications for Archaean tectonics. In: Precambrian Plate Tectonics (Kröner, ed.) 469–489, Elsevier, Amsterdam.

Greiling, R., Kröner, A. & El Ramly, M. F. (1984): Structural interference patterns and their origin in the Pan-African basement of the southeastern Desert of Egypt. In: Precambrian tectonics illustrated (Kröner and Greiling, edits.), 401–412, E. Schweizerbart'sche Verlagsbuchhandlung, Stuttgart.

Hager, B. H. (1984): Subducted slabs and the geoid: Constraints on mantle rheology and flow. J. Geophys. Res. **89**, 6003–6016.

Hartmann, W. K. & Davis, D. R. (1975): Satellite-sized planetesimals and lunar origin. Icarus **24**, 504–515.

Hegner, E., Kröner, A. & Hofmann, A. W. (1984): Age and isotope geochemistry of the Archaean Pongola and Usushwana suites in Swaziland, southern Africa: a case for crustal contamination of mantle-derived magma. Earth Planet. Sci. Lett. **70**, 267–279.

Hofmann, A. W. & White, W. M. (1982): Mantle plumes from ancient oceanic crust. Earth Planet. Sci. Lett. **57**, 421–436.

Hofmann, A. W. & White, W. M. (1983): Ba, Rb and Cs in the Earth's Mantle. Z. Naturforsch. **38a**, 256–266.

Hofmann, A. W., Jochum, K. P., Seufert, M. & White, W. M. (1986): Nb and Pb in oceanic basalts: new constraints on mantle evolution. Earth Planet. Sci. Lett. **79**, 33–45.

Huppert, H. E., Sparks, R. S. J., Turner, J. S. & Arndt, N. T. (1984): Emplacement and cooling of komatiite lavas. Nature **309**, 19–22.

Hussein, I. M., Kröner, A. & Dürr, S. (1984): The Wadi Onib mafic-ultramafic complex of the northern Red Sea Hills, Sudan: a dismembered Pan-African ophiolite. Proc. 27. Int. Geol. Congr., Moskau, **4**, 326.

Jacoby, W. R. (1985): Schwerefeld, Plattenbewegungen, Mantelkonvektion. Mitt. Kommission f. Geowiss. Gemeinschaftsforschung **15**, 129–146.

Jacoby, W. R. & Schmeling, H. (1982): On the effects of the lithosphere on mantle convection and evolution. Phys. Earth Planet. Inter. **29**, 305–319.

Jagoutz, E., Palme, H., Baddenhausen, H., Blum, K., Cendales, M., Dreibus, G., Spettel, B., Lorenz, V. & Wänke, H. (1979): The abundances of major, minor and trace elements in the Earth's mantle as derived from primitive ultramafic nodules. Proc. Lunar Planet. Sci. Conf. 10th, Geochim. Cosmochim. Acta, Suppl. **11**, 2031–2050.

Jochum, K. P., Hofmann, A. W., Ito, E., Seufert, H. M. & White, W. M. (1983): K, U, and Th in mid-ocean ridge basalt glasses and heat production, K/U and K/Rb in the mantle. Nature **306**, 341–436.

Jochum, K. P., Hofmann, A. W. & Seufert, H. M. (1985): Nb, U, Zr, Y in oceanic basalts and Nb/U, Zr/Nb, Zr/Y ratios of the mantle. Terra cognita **5**, 276.

Jones, D. L., Cox, A., Coney, P. & Beck, M. (1983): Nordamerika: Ein Kontinent setzt Kruste an. In: Ozeane und Kontinente. Spektrum d. Wissensch., 182–198.

Kaula, W. M. (1979): Thermal evolution of Earth and Moon growing by planetesimal impacts. J. Geophys. Res. **84**, 999–1008.

Kienle, J., Kyle, P. R., Self, S., Motyka, R. J. & Lorenz, V. (1980): Ukinrek maars, Alaska. I. April 1977 eruption sequence, petrology, and tectonic setting. J. Volcanol. geotherm. Res. **7**, 11–37.

Kröner, A. (1982): Archaean to early Proterozoic tectonics and crustal evolution: a review. Rev. Bras. Geocienc. **12**, 15–31.

Kröner, A. (1985a): Evolution of the Archean continental crust. Ann. Rev. Earth Planet. Sci. **13**, 49–74.

Kröner, A. (1985b): Ophiolites and the evolution of tectonic boundaries in the late Proterozoic Arabian-Nubian shield of northeast Africa and Arabia. Precambrian Res. **27**, 277–300.

Kröner, A., Layer, P. W. & McWilliams, M. O. (1984): Archaean paleo-magnetism: Evidence for continental drift and the existence of a dipolar magnetic field since ca. 3.5 billion years ago. (Abstract). Terra cognita **4**, 78.

Kröner, A., McWilliams, M. O. & Layer, P. W. (1982): A provisional Archean APWP for the Kaapvaal craton. EOS, Trans. Am. Geophys. Union **63**, 912.

Layer, P. W., Kröner, A. & McWilliams, M. O. (1985): Early Archean reversal of the earth's magnetic field as recorded in the 3.3 Ga old Kaapvalley pluton, South Africa. Abstr.-vol., 5th Scient. Assembly, IAGA, Prag (im Druck).

Lorenz, V. (1984): Explosive volcanism of the West Eifel volcanic field/ Germany. In: Kimberlites. I: Kimberlites and related rocks (Kornprobst, Hrsg.) 299–307, Elsevier, Amsterdam.

Lorenz, V. (1986): Maars and diatremes of phreatomagmatic origin, a review. Trans. Geol. Soc. S. Afr. (im Druck).

Martin, H. & Eder, F. W. (Hrsg.) (1983): Intracontinental fold belts. Springer-Verlag, Berlin, 945 S.

McKenzie, D. & O'Nions, R. K. (1983): Mantle reservoirs and ocean island basalts. Nature **301**, 229–231.

Melosh, H. J. (1985): When worlds collide: Jetted vapor plumes and the Moon's origin. In: Lunar and Planetary Science XVI, Lunar Planet. Inst., Houston, 552–553.

Patchett, P. J., White, W. M., Feldmann, H., Kielinczuk, S. & Hofmann A. W. (1984): Hafnium/rare earth element fractionation in the sedimentary system and crustal recycling into the Earth's mantle. Earth Planet. Sci. Lett. **69**, 365–378.

Pollack, N. H. (1980): The heat flow from the earth: a review. In: Mechanisms of Continental Drift and Plate Tectonics (Davies and Runcorn, eds.), 183–192, Academic Press, London.

Reischmann, T., Kröner, A. & Hofmann, A. W. (1985): Isotope gochemistry of Pan-African volcanic rocks from the Red Sea Hills, Sudan. Terra Cognita **5**, 288.

Ringwood, A. E. (1958): The constitution of the mantle – III; Consequences of the olivine-spinel transition. Geochim. Cosmochim. Acta **15**, 195–212.

Ringwood, A. E. (1966): Mineralogy of the Mantle. In: Advances in Earth Science (Hurley, ed.) 357–398, M.I.T. Press, Boston.

Ringwood, A. E. (1977): Composition of the core and implications for origin of the Earth. Geochem. J. **11**, 111–135.

Ringwood, A. E. (1979): On the origin of the Earth and Moon. Springer Verlag, New York.

Safranov, V. S. (1978): The heating of the Earth during its formation. Icarus **33**, 3–12.

Schmitt, W. (1984): Experimentelle Bestimmung von Metal/Sulfid/Silikat-Verteilungskoeffizienten geochemisch relevanter Spurenelemente. Dissertation, Universität Mainz.

Schmitt, W. & Wänke, H. (1984): Experimental determination of metal/silicate-partition coefficients of P, Ga, Ge, and W as function of oxygen fugacity. Lunar and Planetary Science XV, Lunar Planet. Inst., Houston, 724–725.

Sclater, J. G., Joupart, C. & Galson, D. (1980): The heat flow through the oceanic and continental crust and the heat loss of the earth. Rev. Geophys. Space Phys. **18**, 269–311.

Sharpe, H. N. & Peltier, W. R. (1979): A thermal history model for the earth with parameterized convection. Geophys. J. R. Astron. Soc. **59**, 171–205.

Solomon, S. C., Ahrens, T. J., Cassen, P. M., Hsui, A. T., Minear, J. W., Reynolds, R. T., Sleep, N. H., Strangway, D. W. & Turcotte, D. L. (1981): Chapter 9: Thermal histories of the terrestrial planets. In: Basaltic Volcanism on the Terrestrial planets, 1129–1234, Pergamon Press, New York.

Spohn, T. (1984): Die thermische Evolution der Erde. J. Geophys. **54**, 17–96.

Stevenson, D. J. (1985): Implications of very large impacts for Earth accretion and lunar formation. In: Lunar and Planetary Science XVI, Lunar Planet. Inst., Houston, 819–820.

Ullrich, W. & Van der Voo, R. (1982): Minimum continental velocities with respect to the pole since the Archaean. Tectonophysics **74**, 17–27.

Vidal, Ph., C. Chauvel & Brousse, R. (1984): Large mantle heterogeneity beneath French Polynesia. Nature **307**, 536–538.

Walker, D. (1983): Lunar and terrestrial crust formation. Proc. Lunar and Planet. Sci. Conf. 14th, J. Geophys. Res. **88**, Suppl., B17–B25.

Wänke, H. (1981): Constitution of terrestrial planets. Philos. Trans. R. Soc. London, Ser. A., **303**, 287–302.

Wänke, H. & Dreibus, G. (1982): Chemical and isotopic evidences for the early history of the Earth – Moon system. In: Tidal Friction and the Earth's Rotation II (Brosche and Sündermann, ed.) 322–344, Springer Verlag, Berlin.

Wänke, H., Dreibus, G. & Jagoutz, E. (1984): Mantle chemistry and accretion history of the Earth. In: Archaean Geochemistry (Kröner et al., eds.) 1–24, Springer-Verlag, Berlin.

Wänke, H. & Dreibus, G. (1986): Geochemical evidence for the formation of the Moon by impact induced fission of the Proto-Earth. In: Origin of the Moon (Hartmann et al., eds). Lunar and Planet. Inst., Houston, 649–672.

Waters, A. C. & Fisher, R. V. (1970): Maar volcanoes, Proc. Sec. Columbia River Basalt symposium, 157–170, EWSC, Cheney, Wash.

Wetherill, G. W. (1978): Accumulation of the terrestrial planets. In: Protostars and Planets (Gehrels, Hrsg.) 565–598, Univ. Arizona Press.

White, W. M. & Hofmann, A. W. (1982): Sr and Nd isotope geochemistry of oceanic basalts and mantle evolution. Nature **296**, 821–825.

White, W. M. (1985): Sources of oceanic basalts: Radiogenic isotopic evidence. Geology **13**, 115–118.

White, W. M. & Patchett, J. (1984): Hf-Nd-Sr isotopes and incompatible element abundances in island arcs: implications for magma origins and crust-mantle evolution. Earth Planet. Sci. Lett. **67**, 167–185.

Wohletz, K. H. & McQueen, R. G. (1984): Experimental studies of hydromagmatic volcanism. In: Study in Geophysics: Explosive volcanism: Inception, evolution, and hazards (Geophysics Study Committee, Hrsg.) 158–169, Nat. Academy Press, Washington.

Woodhouse, J. H. & Dziewonski, A. M. (1984): Mapping the upper mantle: Threedimensional modeling of earth structure by inversion of seismic waveforms. J. Geophys. Res. **89**, 5953–5986.

Wyllie, P. J. (1978): Mantle fluid compositions buffered in peridotite-CO_2-H_2O by carbonates, amphibole and phlogopite. J. Geol. **86**, 687–713.

Yoder, H. S. Jr. (1976): Generation of basaltic magma. Nat. Acad. Sci., Washington, 1–265.

Zimanowski, B., Fröhlich, G. & Lorenz, V. (1986): Experiments on phreatomagmatic explosions with silicate and carbonatitic melts. J. Volcanol. geotherm. Res. (im Druck).

7 Mobilisierung eines Kontinentalrandes, ein subduktionsinduzierter Prozeß

Peter Giese, Volker Haak, Volker Jacobshagen und Klaus J. Reutter
Forschergruppe „Mobilität aktiver Kontinentalränder", FU und TU, Berlin

7.1 Einleitung

Die Theorie der Plattentektonik läßt die Vorgänge, die sich an aktiven Kontinentalrändern abspielen und die schließlich zur Bildung von Gebirgen führen, in einem völlig neuen Licht erscheinen, und viele bislang völlig zusammenhanglos gesehene Phänomene lassen kausale Beziehungen erkennen.

Das DFG-Schwerpunktprogramm „Geodynamik des mediterranen Raumes", in dem in der ersten Hälfte der siebziger Jahre entlang von Traversen die Gebirgsstrukturen der Alpen, des Apennin und der Helleniden untersucht wurden, hatte sich zur Aufgabe gestellt zu untersuchen, inwieweit die komplizierten Strukturen des mediterranen Raumes auf der Basis der Plattentektonik gedeutet werden können und welche Modifikationen und Ergänzungen notwendig sind, um den Beobachtungen gerecht zu werden. Diese Forschungen sollten in dem DFG-Schwerpunktprogramm „Plattentektonik, Orogenese und Lagerstättenbildung am Beispiel der Iraniden" fortgesetzt werden. Doch infolge der innerpolitischen Entwicklung im Iran mußte dieses Projekt längerfristig unterbrochen werden.

An beiden Programmen waren Geowissenschaftler der beiden Berliner Universitäten sehr aktiv beteiligt. Neben den traditionellen mediterranen Aktivitäten, die letztlich auf Max Richter, FU Berlin, zurückgehen, hatte sich eine weitere Arbeitsgruppe unter der Leitung von Werner Zeil, TU Berlin, die Anden Südamerikas als Arbeitsgebiet gewählt. So lag es Anfang der achtziger Jahre auf der Hand, die in Berlin vorhandenen Aktivitäten auf dem Gebiet der Geodynamik, aufbauend auf den im Mittelmeergebiet und den Anden gewonnenen Erfahrungen und Kenntnissen, in einem

Programm zusammenzufassen. Die gewählte Fragestellung griff ein Problem auf, dem bei den bisherigen Untersuchungen wenig Beachtung geschenkt wurde. Weshalb wird bei gebirgsbildenden Prozessen ein viele hundert Kilometer breiter Streifen am Kontinentalrand destabilisiert und aktiviert? Dies gilt sowohl für die Anden als auch in unterschiedlichem Umfang für die Gebirge des Mittelmeerraumes. So ergibt sich z. B. die Frage, weshalb das Subandin gefaltet wird, wenn 700 km (!) weiter westlich die Nasca-Platte unter den südamerikanischen Kontinent taucht. Auch für das mediterrane Gebiet ergeben sich analoge Fragestellungen. Weshalb sinkt das Molasse-Becken oder die Po-Ebene ein? Beide liegen auf einer kontinentalen Kruste mit normaler Mächtigkeit. Die von der Berliner Gruppe ausgewählte Region bezieht sich auf die Atlas-Ketten NW-Afrikas. Hier ist ein ca. 400 km breiter Streifen des NW-Randes der afrikanischen Platte mit in die Gebirgsbildung einbezogen worden, ohne daß hierfür auf den ersten Blick eine Erklärung oder Notwendigkeit vorliegt.

Eine Konzentration der Berliner Geowissenschaftler, die auf geodynamischem Gebiet arbeiten, auf dieses Problem der „Mobilität aktiver Kontinentalränder" schien daher eine lohnende und auch eine ganze Reihe von Kollegen begeisternde Zielvorstellung. Die Senatskommission für Geowissenschaftliche Gemeinschaftsforschung der Deutschen Forschungsgemeinschaft unterstützte durch entsprechende Empfehlungen diese Bemühungen. In den ersten beiden Jahren wurden die Untersuchungen seitens der DFG im Rahmen von gebündelten Anträgen im Normalverfahren unterstützt, seit 1984 erfolgt die Förderung als Forschergruppe. Seitens der Freien Universität wird die Arbeitsgruppe im Rahmen eines Forschungsgebietsschwerpunktes gefördert.

An den Arbeiten der Forschergruppe beteiligen sich Angehörige folgender Institute:

Freie Universität Berlin:
- Institut für Geologie
- Institut für Geophysikalische Wissenschaften, Fachrichtung Geophysik
- Institut für Physische Geographie
- Institut für Mineralogie
Technische Universität Berlin:
- Institut für Geologie und Paläontologie
- Institut für Geodäsie

Insgesamt nehmen seitens der FU und TU ca. 50 Personen (Hochschullehrer, Assistenten, wissenschaftliche Mitarbeiter, Doktoranden und Diplomanden) an den Arbeiten der Forschergruppe teil. Darüber hinaus haben sich eine Reihe von Kollegen aus Instituten der Bundesrepublik dem Projekt angeschlossen und ergänzen die Untersuchungen der Berliner Gruppe sowohl in Südamerika als auch in Marokko:

- Institut für Geowissenschaften Abteilung Geologie, Bayreuth
- Geologisches Institut, Bonn
- Institut für Geologie und Paläontologie, TU Clausthal
- Institut für Geophysik, TU Clausthal
- Institut für Physikalische Geodäsie, Darmstadt
- Geographisches Institut, Düsseldorf
- Geographisches Institut, Mainz
- Max-Planck-Institut für Chemie, Mainz

In zunehmender Weise weitet sich die sehr erfreuliche Zusammenarbeit mit den Kollegen in den Gastländern aus.

Im folgenden Bericht werden einige Aspekte aus der Problematik der „Mobilität aktiver Kontinentalränder" herausgegriffen. Wenn dabei z. T. geophysikalische Daten und Argumentationen im Vordergrund der Beschreibungen stehen werden, so liegt dies unter anderem darin begründet, daß gerade die Geophysik den Blick in die dritte Dimension, die Tiefe, ermöglicht. Eine ausführliche Argumentation und Beweisführung würde mehr Raum erfordern und erfolgt an anderer Stelle. Die hier vorgestellten Ideen sind lediglich als Diskussionsbasis anzusehen, sie dürfen nicht als endgültig und unveränderbar betrachtet werden. Die in diesem Bericht benutzten Daten entstammen den Arbeitsberichten der einzelnen Projektgruppen, die Anfang 1986 in den Berliner Geowissenschaftlichen Abhandlungen Reihe A, Band 66, erschienen sind. In diesen Einzelberichten finden sich auch ausführliche Literaturverzeichnisse, so daß hier nur wenige Zitate angeführt werden müssen.

7.2   Ober- und Unterplatte

Zu den augenfälligsten Erscheinungen im Gefolge konvergenter Plattenbewegungen gehören die Prozesse, die Gebirgszüge, aber auch tiefe Becken mit zum Teil recht komplexen Strukturen entstehen lassen. Grundsätzlich lassen sich bei jedem Kollisionsprozeß eine Ober- und eine Unterplatte unterscheiden. Beide werden im Laufe des Kollisionsvorganges in völlig unterschiedlicher Weise mobilisiert und verändert. Eng verbunden mit diesen Vorgängen ist der Begriff der Vergenz, die die Richtung der Wanderung der gebirgsbildenden Prozesse beschreibt und ein Vorland von einem Hinterland unterscheiden läßt.

Die Gebirge des Mittelmeerraumes sind ein klassisches Beispiel für Kontinent/Kontinent-Kollisionen, denen in den meisten Fällen die Subduktion eines ozeanischen Bereiches vorausging. Für die Alpen bildet Europa das Vorland, als Unterplatte taucht es unter den Alpenkörper ab. Die Adriaplatte dagegen zeigt an ihren Rändern unterschiedliches Verhalten, gegenüber den Alpen nimmt sie die Stellung eines Rücklandes und einer Oberplatte ein, während sie in bezug auf den Apennin die Funktion eines Vorlandes und einer Unterplatte wahrnimmt. So können bei einer Kontinent/Kontinent-Kollision sowohl die Ober- als auch die Unterplatte von den Mobilisierungsprozessen erfaßt werden.

Ein ganz anderer Verlauf der Prozesse ist im Falle einer Kontinent/Ozean-Kollision gegeben. Die Anden stehen wohl als das bekannteste Beispiel für diesen Kollisionstyp. Hier taucht die SE-pazifische Nasca-Platte als Unterplatte unter die südamerikanische Platte als Oberplatte. Während die Resultate der Mobilisierungsvorgänge in den kontinentalen Anteilen z. T. unmittelbar sichtbar sind, müssen die Prozesse, die die abtauchende ozeanische Kruste erfährt, erst aus indirekten Beobachtungen erschlossen werden.

Während für viele geologische Phänomene an passiven Kontinentalrändern schon plausible Erklärungen gefunden wurden, sind die Mechanismen und die Dynamik der tektonischen Mobilität an aktiven Kontinentalrändern noch weitgehend ungeklärt. Auf jeden Fall müssen als Ursache Prozesse im oberen Mantel des aktiven Kontinentalrandes ablaufen, die, vermutlich angeregt durch den Subduktions- und Kollisionsprozeß, in die darüberliegende Kruste hineinwirken.

7.3 Anden- und Atlas-System

Mit den zentralen Anden wurde ein als exemplarisch geltendes System für die Konvergenz einer ozeanischen und einer kontinentalen Platte gewählt. Die seit dem Jura ca. 200 Millionen Jahre andauernde Subduktion der Nasca-Platte unter den südamerikanischen Kontinent mobilisierte einen mehr als 600 km breiten Randbereich dieses Kontinents und schuf ein Gebirgssystem mit sehr unterschiedlich aufgebauten Zonen (Abb. 7-1).

Die heutigen Anden liegen auf einem Untergrund, der durch paläozoische und ältere Orogenesen geprägt wurde. Für diese werden zwar gelegentlich Kontinentalkollisionsmodelle vorgeschlagen, doch können sie

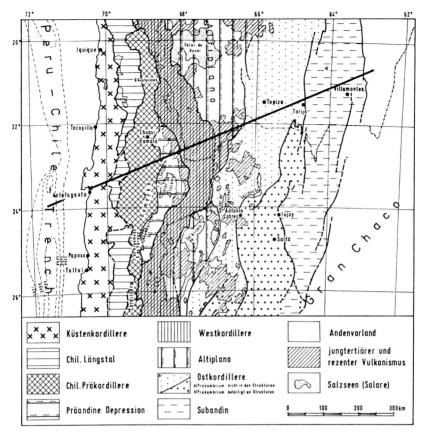

Abb. 7-1: Die durch ihre Morphologie und Strukturen gekennzeichneten („morphostrukturellen") Einheiten der zentralen Anden im hier bearbeiteten Andensegment zwischen 21° und 25° südlicher Breite und angrenzenden Gebieten. Die Grenzen sind nicht einheitlich definiert und vielfach nicht scharf zu ziehen, so daß ihre Lage unterschiedlich interpretiert werden kann. Die Einheiten sind im Streichen Veränderungen unterworfen. So ist das Chilenische Längstal typisch als junge Depression nur im Norden, in der Pampa de Tamarugal, ausgebildet. Der Altiplano wird nach Süden durch die spitzwinklig verlaufende Westkordillere stark eingeengt, und die Präandine Depression setzt sich nördlich des 22. Breitengrades nicht fort. Zu beachten ist das strukturelle Abtauchen der Ostkordillere von Süden nach Norden, das sich im Schwinden der Beteiligung präkambrischer Gesteine an den Strukturen äußert. Ostkordillere und Subandin lösen sich nach Süden in die Sierras Pampeanas auf. Die dicke Linie gibt die Lage des Krustenschnittes der Abb. 7-3 an.

auch interpretiert werden als Interaktion zwischen dem südamerikanischen Kontinent und einem Ozean, der diesem an der Pazifik-Küste schon seit dem Jungpräkambrium vorgelagert war. Anders als in der mesozoischen Entwicklung muß es im Paläozoikum jedoch wiederholt Inselbogen- und Randmeer-Entwicklungen mit möglichen Kontinent-Inselbogen-Kollisionen gegeben haben, die ein Wachsen des Kontinents bewirkten (akkretionärer aktiver Kontinentalrand). Nach einer Zeit der Umstellung setzte mit dem Zerbrechen Pangäas zu Beginn des Jura die geotektonische Situation ein, die heute noch in ähnlicher Weise existiert und die unter anderem eine Rückverlagerung des Kontinentalrandes einleitete (dekretionärer aktiver Kontinentalrand). Dabei ist während des Jura noch die paläogeographische Situation gegeben, daß hinter der im Bereich der heutigen Küstenkordillere gelegenen andesitischen Vulkankette ein back-arc basin mit marinen Verhältnissen auf kontinentaler Kruste existiert. In Nord-Chile entwickelt sich daraus schon in der Unterkreide ein kontinentales Sedimentationsbecken, südlich davon erst in der Oberkreide und in Peru am Ende der Oberkreide. Vermutlich geht mit dem Übergang zu kontinentalen Verhältnissen im back-arc Bereich Krustendehnung in Kompressionstektonik über und der Andenkörper beginnt aufzusteigen. Die Aufwärtsbewegung setzt sich im Tertiär fort, und der Untergrund der Vulkankette mit Teilen des fore-arc und des back-arc Raumes steigt zu der heutigen Höhe auf.

Im Miozän setzt die vulkanische Tätigkeit der Westkordillere ein, die zum aktuellen Vulkanismus überleitet. Gleichzeitig beginnt, eigentlich auch im back-arc Raum, die intensive kordillerentypische Überschiebungs- und Schuppentektonik im Subandin.

Verfolgt man die Entwicklung in Raum und Zeit, so zeigt sich, daß seit dem Jura eine mehr oder minder stetige ostwärts gerichtete Verlagerung der tektonischen und magmatischen Aktivitäten zu verzeichnen ist. Die damit in Zusammenhang stehenden Prozesse haben zu einer extremen Krustenverdickung geführt; unter dem Altiplano muß mit einer Tiefe der Kruste/Mantel-Grenze von 70–80 km gerechnet werden.

Ganz anders liegen die Verhältnisse beim Atlas-System Nordafrikas, dessen geologische Entwicklung sich grundlegend von der in den Anden unterscheidet. Doch wurde auch hier im Zuge der Bildung der westmediterranen Orogene am Nordwestrand des afrikanischen Kontinents ein ca. 400 km breiter Streifen aktiviert, der heute die Atlasketten trägt. Hier lassen sich jedoch die Prozesse nicht mit einer kontinuierlich gleichsinnig gerichteten Subduktion in einem einfachen plattentektonischen Modell wie in den Anden beschreiben.

Wie verlief im Vergleich zu den Anden die Entwicklung im Atlas (Abb. 7-2)? Auch im Atlas-System waren Kontinentalrand-Situationen mehrfach gegeben, aber immer in verschiedenen Positionen. So erfolgte im Anti-Atlas im Jungpräkambrium (panafrikanisch) eine Subduktion ozeanischer Kruste mit anschließender Kontinentalkollision. Die paläozoische Tektonik könnte ebenfalls durch die Subduktion eines Proto-Atlantik (back-arc Verhältnisse in Marokko) und eine anschließende Kontinentalkollision erklärt werden. Mit dem Zerbrechen der Pangäa beginnt die Entwicklung des heutigen Atlas-Systems. Eine Dehnungstektonik in der Trias führt zu Riftstrukturen verbunden mit basischem Vulkanismus. Es bilden sich passive Kontinentalränder zum aufreißenden Neo-Atlantik und zur Neo-Tethys. Dehnung der nun instabilen und ausgedünnten Kruste führt im Jura zu marinen Ingressionen bis an den Anti-Atlas, wobei Bildungen tieferen Wassers vor allem am Rand der Neo-Tethys (Rif- und Tell-Atlas) entstehen. Der Nordwestrand Afrikas mit seiner Position am Abzweig der Neo-Tethys vom Atlantik liegt somit in einer Region, in der in verstärktem Maße mit Mobilisierungserscheinungen in den kontinentalen Randbereichen zu rechnen ist. Paläogeographische Rekonstruktionen zeigen ferner starke E-W gerichtete Lateralbewegungen, die Anlaß zur Bildung von „pull apart"-Becken geben. Mit der mittleren Kreide ist in Nordwest-Afrika eine Situation erreicht, die der der Anden im Jura ähnlich ist. Es stellt sich eine nach Süden eintauchende Subduktionszone ein im Zusammenhang mit dem sich entwickelnden Betikum-Alpen-Orogen. Südlich dieses Subduktionssystems, also südlich von Malaguiden und Kabyliden, entstehen tiefe back-arc Tröge auf ausgedünnter kontinentaler Kruste, während sich im Bereich der marokkanischen Kruste nur flachmeerische Becken entwickeln (Eozän). Im Oligozän zeichnet sich eine bedeutende Wende ab. Während die Kompressionstektonik in der Betischen Kordillere anhält, wird nun die Kruste der vorher gebildeten back-arc Tröge an nach Norden eintauchender Subduktionsbahn im Verlauf der Entwicklung des Maghrebiden-Apennin-Orogens konsumiert, so daß im Miozän sich Rif- und Tell-Atlas mit ihren nach Süden gerichteten Überschiebungen und ihrer jungkänozoischen externen Randsenke herausbilden. Mit dem Oligozän, vor allem aber mit dem Miozän, läßt sich auch in den südlicheren Atlas-Ketten eine generelle Inversion der vertikalen Bewegung im Sinne eines Aufstieges erkennen. Mit diesem Aufstieg der marokkanischen Gebirge und dem Einsinken einzelner zwischengelagerter Becken fiel eine Periode reger vulkanischer Tätigkeit zusammen, die durch alkalischen Chemismus gekennzeichnet ist.

Eine tabellarische Zusammenstellung der Phänomene in den Anden und im Atlas-System findet sich in Tab. 7-1.

Abb. 7-2: Geotektonische Gliederung Marokkos (nach Michard 1976). Ganz im Norden verläuft der enge Bogen des Rif-Atlas, extern begleitet von einer jungkänozoischen Randsenke. Im Südwesten schließt sich die marokkanische Meseta an. Im Süden bzw. Südosten wird die Meseta vom Hohen- bzw. dem Mittleren Atlas begrenzt. Zwischen dem Mittleren und Hohen Atlas schiebt sich von Osten her das Hochplateau von Oran ein. Im Süden wird das Atlas-System durch den Anti-Atlas abgeschlossen. Die dicke Linie gibt Lage des Profils in Abb. 7-4 an.

122

Tabelle 7-1: Geodynamische Phänomene in den Anden und im Atlas-System

	Zentrale Anden Spezielle Züge	Gemeinsame Züge	Atlas-System Marokko Spezielle Züge
Ältere geotektonische Entwicklung	Die jungpräkambrischen und paläozoischen Orogenesen entwickeln sich an und auf dem Rand einer großen kontinentalen Platte zu einer ozeanischen Platte. Kollisionen mit Inselbögen oder Kontinenten (Terranes) in Diskussion.	Vom Jungpräkambrium bis heute folgen Orogenanlagen unmittelbar aufeinander. In den betrachteten Krustenabschnitten Bildung von Backarc-Becken und Randmeeren im Paläozoikum.	Die prämesozoische Geschichte ist durch kontinentale Kollisionen im Jungpräkambrium (Anti-Atlas) und Paläozoikum (Verlängerung der Mauretaniden) geprägt. Kontinentalkollision bestimmt auch die jüngere Geschichte.
Jüngere geotektonische Entwicklung	Nach Übergangsperiode in der Trias Anlage von Magmatic Arcs mit Forearc- und Backarc-Bereichen. Rückverlagerung der Vulkankette in den Kontinent; dekretionäre Entwicklung des Kontinentalrandes.	Wechsel von Dehnungs- zu Kompressionstektonik, Rückverlagerung des Kontinentalrandes; die tektonischen Prozesse mobilisieren plattenrandfernere Teile der kontinentalen Kruste.	Zerbrechen der Pangäa in der Trias und Destabilisierung der Kruste hinter den passiven Kontinentalrändern. Backarc-Entwicklung in der Kreide südlich der Internzonen des Betikum-Alpen-Orogens, von N nach S zunehmend geringere Dehnung. Umkehr der Bewegungsrichtung im Oligozän, Kompressionstektonik im ganzen Gebiet.
Subduktion ozeanischer Kruste während des alpin-andinen Zyklus	Fortlaufende gleichgerichtete Subduktion ozeanischer Kruste unter den aktiven Kontinentalrand. Subduktion setzt sich bis heute fort.	Gleiche Subduktionskonfiguration in Kreide und Alttertiär.	In Kreide und Alttertiär mengenmäßig geringe Subduktion ozeanischer Kruste (Neotethys-Piemont-Ozean) unter die afrikanische Platte. Im Oligozän Inversion der Subduktionsrichtung (Maghrebiden-Apennin-Orogen). Möglicher Fortgang der Subduktion unter dem afrikanischen Kontinentalrand als lithosphärische Delamination.
Magmatische Entwicklung im alpin-andinen Zyklus	Förderung großer Mengen orogener Andesite, Bildung großer Batholithe.	Vulkanismus im Übergang vom paläozoischen zum alpin-andinen Zyklus, Anden: intermediär bis sauer, Atlas: Dolerite. Alkalivulkanismus in plattenrandferneren Positionen im Tertiär.	Im Zusammenhang mit der Betikum-Alpen-Subduktion geringe Mengen von Andesiten, mit dem Maghrebiden-System lokale Andesite (Sardinien, Alboran-See). Kleine Batholithe im Tell-Atlas, Algerien. Im Hohen Atlas mesozoische bis alttertiäre Granitoide.
Strukturen des Oberbaus	Kein alpinotyper Deckenbau; kordillerentypische Überschiebungstektonik in der Außenzone (Subandin). Keine wesentliche Regionalmetamorphose.	Jungtertiäre, weit in den Kontinent reichende, teilweise vergenzlose Kompressionstektonik unter Kompression.	Ab Miozän alpinotype Deckentektonik in der Internzone (Rif- und Tell-Atlas), Regionalmetamorphose nur dort. Ausgeprägte Vertikaltektonik im Hohen und Mittleren Atlas. Bildung junger Becken
Strukturen des Unterbaus	Stark verdickte Kruste (extrem negative Bouguer-Anomalie) in der Achse der Anden. Starke positive Leitfähigkeitsanomalien und verminderte seismische Geschwindigkeiten unter der Hauptkordillere wahrscheinlich durch Magma bedingt.	Zonen hoher Leitfähigkeit können als Anreicherung fluider Phasen und/oder von Teilschmelzen (Dichteinstabilität!) interpretiert werden. Sie kennzeichnen in beiden Gebieten vermutlich tief in der Kruste verlaufende Abscherungshorizonte.	Krustenverdickungen möglicherweise am äußeren Rand des Rif (Schwereminimum), geringe Krustenverdickung unter Hohem und Anti-Atlas.

7.4 Mobilisierungsprozesse

Welche Prozesse haben sich in Kruste und Mantel der Anden und des westlichen Mittelmeergebietes seit dem Paläozoikum abgespielt? In den beiden Regionen ist ein Wechsel von Dehnungs- zu Kompressionstektonik zu verzeichnen. In beiden Gebirgen ist eine Krustenverdickung zu erkennen, sie ist in den Anden extrem, im Atlas-System nur mäßig. In beiden Orogenen treten in der Kruste Zonen guter elektrischer Leitfähigkeit auf (Abb. 7-3 und 7-4). Weitreichende Überschiebungen, die zu Krustenverdickungen führen, gibt es nur in der äußersten Zone des Orogens, im Subandin, während im Nordwesten Afrikas weitreichende Horizontalbewegungen nur in den nördlichen Ketten des Orogen-Systems, im Rif- und Tell-Atlas, stattfanden.

Für die Anden spitzt sich das Problem im wesentlichen auf die Fragestellung zu, welche Prozesse zur Verdickung der andinen Kruste geführt haben. Die von der Forschergruppe durchgeführten geophysikalischen Messungen erlauben in Verbindung mit geologischen und petrologischen Befunden, das von James (1971) vorgeschlagene Anden-Modell weiterzuentwickeln und zu detaillieren.

Nach den seismischen Messungen existiert unter der Präkordillere in ca. 30 km Tiefe eine signifikante Diskontinuität, die petrologisch als Relikt einer jurassischen Kruste/Mantel-Grenze gedeutet wird. Sie wird jetzt von jüngerem Krustenmaterial unterlagert. Für diese subkrustale Anlagerung gibt es zwei Möglichleiten: Einmal können Schmelzen aus sialischem Krustenmaterial entstehen, das vom Kontinentalrand mit der ozeanischen Kruste zusammen subduziert wird, wie durch die Verlagerung des Subduktionsprozesses nach Osten nahegelegt wird. Zum anderen können sich aber auch Differentiate der subduzierten ozeanischen Kruste oder/und dem darüber lagernden Mantelkeil an der Unterseite der Kruste anlagern und so ebenfalls zu einer Krustenverdickung führen.

Welche Prozesse spielen sich im einzelnen in einer ozeanischen Kruste ab, die unter einen Kontinent subduziert wird (Abb. 7-5)? Auf ihrem Weg vom mittelozeanischen Rücken zum Tiefseegraben wird die ozeanische Kruste in sehr unterschiedlichem Umfang mit Sedimenten beladen, vor allem aber erfährt sie eine tiefreichende Hydratisierung. Mit steigenden Drucken und Temperaturen laufen während der Subduktion eine Reihe von verschiedenen geochemischen Prozessen ab. Nach der Umwandlung der Basalte unter HP/LT-Bedingungen in Amphibolit findet in 80–120 km Tiefe eine Dehydratisierung der ozeanischen Kruste und die Bildung von

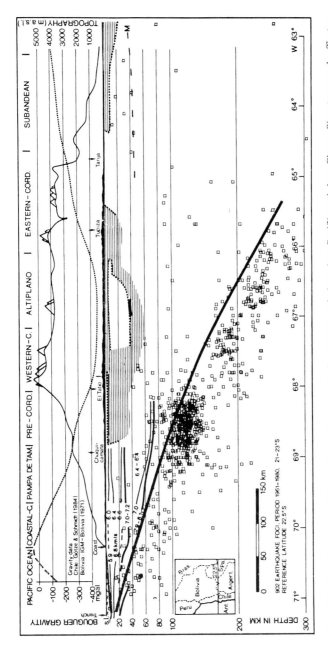

Abb. 7-3: Schnitt durch die Lithosphäre entlang der Andentraverse zwischen dem Pazifik und dem Chaco. Signaturen: schraffierter Bereich: hohe elektrische Leitfähigkeit; dicke Linien im Krustenbereich: seismische Diskontinuitäten; kleine Quadrate: Erdbebenherde. (nach Schwarz et al. und Wigger in Giese 1986)

125

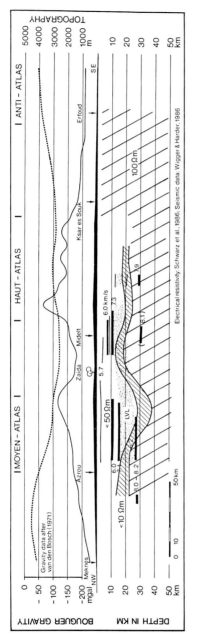

Abb. 7-4: Krustenschnitt entlang eines Profils zwischen dem Mittleren und dem Anti-Atlas (Schwarz et al. und Wigger et al. in Giese 1986). Die unterschiedliche Schraffur kennzeichnet die verschiedenen Zonen guter und schlechter elektrischer Leitfähigkeit. Die dicken Linien geben die Lage seismischer Diskontinuitäten an.

126

Eklogit statt. Die Dehydratisierung selbst ist von Druck und Temperatur abhängig, ihre Intensität wird aber entscheidend vom Temperaturgradienten bestimmt. Man kann vermuten, daß ein besonders starker Temperaturgradient zwischen der Oberfläche der subduzierten Platte und dem überlagernden Mantelkeil existiert, der zu einer fast vollständigen Entwässerung der ozeanischen Kruste führt. Das freie Wasser wird durch den „Mantelkeil" aufsteigen und, soweit es dort nicht durch Hydration erneut gebunden wurde, in die Kruste eindringen. Sowohl im Mantel als auch in besonderem Maße in der Kruste werden durch das Wasser Schmelzprozesse eingeleitet, deren Produkte sich entweder als Mantelschmelzen an die Unterkruste anlagern können, oder als saure, wasserreiche Krustenschmelzen in Form von Plutoniten in die Oberkruste aufsteigen und hier aber steckenbleiben, da die Viskosität der Schmelze mit Druckverringerung steigt. Diese sicher im einzelnen sehr komplexen Prozesse können sowohl zur Verdickung der Unter- als auch der Oberkruste beitragen, ohne daß dabei die alte Kruste/Mantel-Grenze völlig ausgelöscht wird. Die sehr geringen spezifischen elektrischen Widerstände in der östlichen Präkordillere im Tiefenbereich von ca. 10–30 km und die starke Absorption seismischer Energie in den gleichen Tiefen verlangen hier die Existenz rezenter Schmelzen. Sofern die Schmelzen sauer und somit sehr zäh sind, muß nicht unbedingt ein Vulkanismus damit verbunden sein. Erst im Bereich der Westanden existiert Vulkanismus, der aber seine Quellen in größeren Tiefen hat, wie es die folgenden Prozesse in der abtauchenden Platte nahelegen.

Nach der Dehydration müßten im Kontaktbereich von subduzierter ozeanischer Kruste und überlagernder Lithosphäre unterhalb von 60–80 km Tiefe Temperaturen von ca. 600–800 °C erreicht werden, d. h. ein kritischer Temperaturbereich, der für die plötzliche Umwandlung des auch schon bei geringeren Temperaturen und Drucken metastabil existierenden basaltischen Materials in Eklogit sorgt. Die bei dieser Umwandlung freigesetzte Energie kann sowohl in Wärme als auch in Erdbebenenergie umgesetzt werden. Tatsächlich existiert in dieser Tiefe von etwa 100 km eine Konzentration von Erdbeben, durch die ca. 50 % der gesamten Erdbebenenergie längs des betrachteten Profils entlang der abtauchenden Platte freigesetzt werden. Es reicht 1 % der bei der metastabilen Umwandlung frei gewordenen Energie, um die beobachtete seismische Energie zu erklären. Der größte Teil der Energie muß als Wärme verbraucht werden. Es wird somit für diesen Tiefenbereich ein anderer oder ein weiterer Mechanismus der Erdbebenentstehung als der sonst übliche zur Diskussion gestellt (LIU, 1983).

128

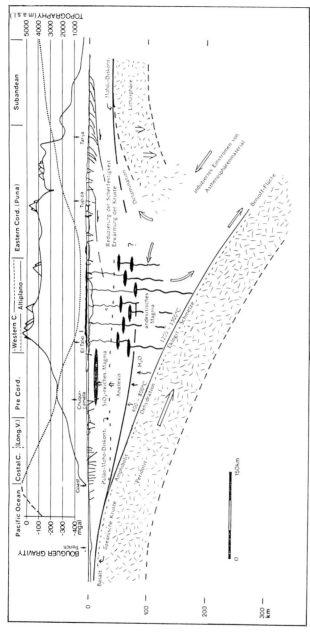

Abb. 7-5: Hypothetisches Modell der Anden, dargestellt in einem Querprofil auf 22,5° S. Die Oberflächenstrukturen sind nur schematisch wiedergegeben: Überschiebungstektonik im Subandin, vergenzlose Tektonik von der Ostkordillere bis in die Chilenische Präkordillere, intensive Bruchtektonik in der Küstenkordillere. Schwarz: die jungkänozoischen Vulkanite von der Ostkordillere bis in die Westkordillere. Die länger ausgezogenen Störungen in Prä- und Küstenkordillere repräsentieren die „West-Fissure" (Falla Oeste) und die Atacama-Störung. Die Linie in 30 km Tiefe unter der Präkordillere und dem Längstal kann nach seismischen Daten als „Paläo-Moho" des Jura interpretiert werden.

Dicke schwarze Linie: Grenze Oberplatte-Unterplatte; möglicherweise werden frontale Teile der kontinentalen Kruste der Oberplatte hier an der Oberfläche der abtauchenden Ozeanischen Kruste subduziert.

In 100–150 km Tiefe ist im Mantelkeil der Oberplatte mit Temperaturen von 1000–1500 °C zu rechnen, d. h. es wird die Schmelztemperatur von Eklogiten erreicht, sofern sie noch etwas Wasser enthalten. Mit derart hohen Temperaturen kann man eine 50 %ige Aufschmelzung der subduzierten ozeanischen Kruste erzeugen, eine Menge, die notwendig ist, um trotz der geringen Dichtedifferenz gegenüber dem Mantelmaterial in diesen Tiefenbereichen den Aufstieg von Schmelzen durch gravitative Instabilität zu ermöglichen.

Andererseits ist es im Mantelkeil unterhalb von 100 km Tiefe und bei Temperaturen von über 1000 °C auch möglich, daß, sofern H_2O aus der Dehydrationszone hinzutritt, der Mantel-Peridotit partiell aufschmilzt und ein andesitisches Magma gebildet wird. Die durch die beschriebenen Prozesse sich bildenden Magmen haben Dichten, die größer sind als die der sialischen Oberkruste, d. h. die Schmelzen müssen sich als neue Unterkruste anlagern.

Die niedrigen spezifischen Widerstände in 40 km Tiefe unter dem Altiplano und vermutlich auch unter der Westkordillere lassen sich durch die rezente Anlagerung von basischen Schmelzen erklären. Hierfür sprechen auch die noch relativ hohen seismischen Geschwindigkeiten zwischen 40 und 80 km Tiefe: Dieser Tiefenbereich, dessen geringe Dichte vermutlich auch das Schwereminimum von 400 mgal erzeugt, gilt allgemein als die Unterkruste der Anden.

Das hier postulierte Subduktionsmodell verlangt relativ hohe Temperaturen in der unteren Lithosphäre. Diese Problematik ist nicht unbekannt. So beschreiben z. B. Hsui et al. (1983) ein „subduction induced mantle flow model", das der hier entwickelten Vorstellung weitgehend entspricht. Durch die abtauchende Platte wird ein Aufstrom von Asthenosphärenmaterial induziert, der eine beträchtliche Temperaturerhöhung im Mantelkeil bewirkt.

Durch die Anlagerung von Material an die Unterseite der Kruste wird diese verdickt. Die Erhaltung des isostatischen Gleichgewichtes verursacht ein Aufsteigen der Kruste als Ganzes. Ein erster deutlicher Anlagerungsprozeß, verbunden mit einem Aufstieg des Andenkörpers, muß im Westabschnitt der Geotraverse in der Kreide stattgefunden haben, wie der Übergang der marinen zur terrestrischen Sedimentation bezeugt. Die nun ostwärts (in die mittleren Abschnitte der Geotraverse) verlagerten back-arc Verhältnisse deuten an, daß die Kruste auch hier entstabilisiert wurde und auf leichterem und weichem Unterkrusten/Mantel-Material lag, so daß sowohl mit magmatischen Intrusionen in die Oberkruste als auch mit einem Einsinken von Oberkrustenblöcken in das Substratum zu rechnen ist. Da diese Vorgänge, in der Fläche gesehen, recht unregelmäßig abgelaufen sein werden, bildete sich ein heterogenes Muster von Depressionsbecken heraus. Mit dieser Annahme könnte die Bildung des Altiplano mit seinen „Sedimentationslöchern" gedeutet werden.

Eine zweite sehr signifikante Krustenverdickung muß seit Beginn des Miozäns stattgefunden haben, da der Aufstieg der Anden zur heutigen Höhe sehr jung ist. Im Westabschnitt der Geotraverse können hier wieder in Verbindung mit magmatischen Prozessen subkrustale Anlagerungen verantwortlich gemacht werden.

Mit der Zufuhr von H_2O in die Kruste, mit der Anlagerung von Magmen an die Unterseite der Kruste und mit der induzierten Asthenosphärenaufwölbung ist ein weiterer Destabilisierungsprozeß der Kruste verbunden, der im wahrsten Sinne des Wortes von weitreichender Bedeutung ist, da er zu einer zusätzlichen Erwärmung der Erdkruste führt. So kann damit gerechnet werden, daß an der Unterseite der Oberkruste Temperaturen von 600–800 °C herrschen und es damit zu einer signifikanten Herabsetzung der Scherfestigkeit kommt, d. h. es können sich, sofern ein kompressives Spannungsfeld herrscht, ausgedehnte Abschiebungen im Sinne einer Rampentektonik bilden.

Unter diesem Gesichtspunkt muß die Krustenverdickung in den Ostanden betrachtet werden. Im Subandin listrisch aufsteigende Störungsbahnen zeigen, daß der Andenblock nach Osten auf sein Vorland überschoben wird. Hier kann eine Einengung um wenigstens 60 km nachgewiesen werden (Allmendinger et al. 1983). Die Aufschiebungen müssen nach W in eine flache Scherbahn einmünden, die tief in das Grundgebirge einschneidet. Die Zone hoher elektrischer Leitfähigkeit in ca. 20 km Tiefe unter dem Westrand der Ostkordillere kann vielleicht als eine Abschiebungsbahn, die mit Fluiden gefüllt sein könnte, gedeutet werden. Die Krustenverdickung in den Ostanden einschließlich des Subandins muß also auf intrakrustale Überschiebungstektonik zurückgeführt werden. Wieweit die tiefreichende Überschiebungstektonik auch unter dem Altiplano wirksam ist, muß ein offenes Problem bleiben. Somit unterscheidet sich die Krustenverdickung in den Ostanden grundsätzlich von der in den Westanden.

Wie stellen sich die Verhältnisse am Nordwest-Rand Afrikas dar? Die Geschichte des Atlas-Systems beginnt mit dem Auseinanderbrechen Pangäas und der Trennung Afrikas von Nordamerika und Europa. Die Mobilisierung der Kontinentalränder wird hier durch einen „rifting"-Prozeß in Verbindung mit Mantel-Diapirismus ausgelöst. Weit verbreiteter Spaltenvulkanismus in der oberen Trias ist Zeugnis dieser Vorgänge. Eine Ausdünnung und Destabilisierung der Kruste im Bereich neu entstehender passiver Kontinentalränder sind Folgen dieses „rifting"-Prozesses. So verhält sich der Raum nördlich des Anti-Atlas und der Sahara-Tafel im Jura wie eine instabile intrakontinentale Plattform. Die mit der Kreide südlich des betischen Subduktionssystems eintretende back-arc Situation scheint zunächst keine grundsätzliche Änderung des geotektonischen Verhaltens der kontinentalen Kruste des Atlas-Systems herbeigeführt zu haben, d. h. die Dehnungstektonik dauerte an. Erst mit der Inversion des Subduktionssystems im Oligozän, die die Entwicklung des Maghrebiden-Apennin-Orogens einleitet, wird auch die Kruste des Nordwest-Randes Afrikas von der Kompressionstektonik erfaßt. Der zu dieser Zeit beginnende Aufstieg der Atlasketten deutet auf eine nun beginnende Krustenverdickung hin, die auch hier wieder durch subkrustale Anlagerung von magmatischen Gesteinen gedeutet werden könnte. Die Zone guter elektrischer Leitfähigkeit in der mittleren und unteren Kruste bezeugt eine gewisse thermische Aktivität des oberen Materials, die ihre Ursache in einer Aufwölbung der Asthenosphäre haben könnte. Es sei bemerkt, daß die Zone guter elektrischer Leitfähigkeit am Nordrand des Anti-Atlas endet, d. h. hier endet auch die Mobilisierung des Kontinentalrandes. Auch der junge Vulkanismus im Hohen und Mittleren Atlas weist auf eine Aufweichungszone des oberen Mantels mit Teilaufschmelzungen hin.

Im Deckgebirge bereits vorgezeichnete Abscherungshorizonte (Trias-Salze) und sich im Grundgebirge durch die thermische Aktivität neu bildende Abscherflächen ermöglichen im Zuge der jungen kompressiven Tektonik die Herausbildung einer weitgehend vergenzlosen Tektonik, die der des Schweizer Juras und des Außenrandes der Französischen Westalpen ähnlich ist. Bemerkenswert ist die Einbeziehung des Grundgebirges in die Tektonik. Gerade die Krustenaufwölbungen der Atlas-Ketten zeigen gewisse Ähnlichkeiten mit den den Anden im E vorgelagerten Sierras Pampeanas. In beiden Gebieten herrscht eine vergenzlose Tektonik, es bilden sich Becken unter dem Einfluß von Kompressionstektonik. Ebenso tritt in den Atlas-Ketten wie in den Sierras Pampeanas Alkali-Vulkanismus auf. Die petrologische und geochemische Untersuchung der jungen Vulkanite muß hier weitere Aufschlüsse über die Prozesse im Untergrund geben.

Für die Mobilisierung des Nordwest-Randes des afrikanischen Kontinents läßt sich ein moderater Manteldiapirismus verantwortlich machen, der sich primär aus einem rifting-Prozeß entwickelt hat, dann aber in eine subduktionsinduzierte Asthenosphärenaufwölbung überging. Das Ergebnis ist auch hier wieder, ähnlich wie in den Anden, eine Entkopplung der Kruste vom Mantel. Allerdings wird man im Falle des Mittleren und

Hohen Atlas sich die Frage stellen müssen, ob hier nicht auch sich aus der Dehnungsphase entwickelnde Transcurrent-Störungen in Verbindung mit den genannten Prozessen gewirkt haben.

7.5   Abschließende Bemerkungen

Die vergleichenden Betrachtungen der Phänomene und Vorgänge, die seit dem Ende des Paläozoikums in den zentralen Anden und im westlichen Mittelmeergebiet zur Mobilisierung der jeweiligen Kontinentalränder geführt haben, zeigen, daß die Kruste gezwungen war, eine recht passive Rolle zu spielen (Tab. 1). Die Mobilisierung der kontinentalen Kruste beginnt mit einer Dehnungstektonik, verbunden mit einem weit verbreiteten Vulkanismus. Diese Dehnungstektonik kann mit einem rifting innerhalb oder am Rande eines Kontinents beginnen (Atlas resp. Anden). Großräumige Veränderungen der Plattenbewegungen können dann zu einer Umstellung des Spannungsfeldes und somit zu kompressiven Bewegungen führen. Die bereits vorhandene oder aber auch erst dadurch erzwungene Subduktion ozeanischer Kruste steuert den weiteren Ablauf der Ereignisse. Längs der subduzierten ozeanischen Kruste treten Dehydrations- und Schmelzvorgänge auf, deren Produkte mit der überlagernden Kruste in Wechselwirkung treten. Darüber hinaus beginnt sich ein subduktionsinduzierter Mantel-Diapirismus von Asthenosphärenmaterial auszubilden, der eine weit in den Kontinent hineinreichende Mobilisierung der Oberplatte zur Folge hat.

Die Verbreitung und die Auswirkungen dieses Mantel-Diapirismus sind sicher von der Zeitdauer des Subduktionsprozesses abhängig, in den Anden verlief dieser Prozeß wesentlich intensiver als in den Atlas-Ketten. Mit der kompressiven Phase ist eine mehr oder minder große Krustenverdickung sowohl durch tektonische, aber auch in den beiden hier untersuchten Beispielen durch subkrustale magmatische Anlagerungsprozesse verbunden. Hierdurch wird ein Aufstieg des Gebirgskörpers ausgelöst. Durch Dichte-Inversionen in der Kruste kann es auch innerhalb der kompressiven Phase zu intramontanen Beckenbildungen mit z. T. recht extremen Absenkungsbeträgen (Altiplano) kommen. Schließlich muß mit der Möglichkeit gerechnet werden, daß das aufsteigende Asthenosphärenmaterial versucht, seitlich auszuweichen, indem es zwischen die kontinentale Kruste und deren Mantellid eindringt und so eine fortschreitende Delamination der Kruste vom absinkenden lithosphärischen Mantel bewirkt.

Hiermit kann es dann zur Ausbildung von antithetisch zur primären Subduktion gerichteten sekundären Subduktionen oder großräumigen Krustenunterschiebungen kommen.

In diesem Zusammenhang ist eine andere Überlegung von Bedeutung, die sich auf die Entwicklung von Vortiefen bezieht. Die postulierte Delamination der unteren Lithosphäre von der Kruste kann offensichtlich je nach dem Grad der Kopplung, d. h. der Verschmelzung, zwischen den beiden Sphären in recht unterschiedlicher Form ablaufen. Bei einer starren Kopplung wird durch die absinkende Lithosphären-Zunge auch die Kruste in gewissem Umfange nach unten durchgebogen. Das nach außen gerichtete Wandern der Vorlandströge kann auf diese Art gedeutet werden. Als Beispiele seien der Molasse-Trog am Nordrand der Alpen und auch die Absenkung der Po-Ebene vor der Apennin-Front genannt. Ganz anders ist die Situation im Vorland der Westalpen. Hier fand keine Absenkung des Grundgebirges statt. Entweder fand hier keine Delamination der unteren Lithosphäre von der Kruste statt oder die Kopplung zwischen den beiden Sphären war so schwach, daß ein „mit Hinabziehen" der Kruste nicht möglich war. Vermutlich hat das Rhone-Rhein-Rift-System mit seinem erhöhten Wärmestrom die untere Lithosphäre von der unteren Kruste entkoppelt. Im Falle der Anden und des Atlas-Systems muß die Kopplung zwischen Kruste und unterer Lithosphäre als mäßig eingestuft werden, da sich keine extremen Vortiefen ausgebildet haben.

Zusammenfassend kann gesagt werden: Ein Subduktionsvorgang, ausgelöst durch konvergente Plattenbewegung, kann im Mantelkeil der Oberplatte das Aufströmen der Asthenosphäre bewirken (Manteldiapirismus), das bedeutende sekundäre Prozesse hervorruft. Diese mobilisieren die Kruste des Kontinentalrandes und sind Ursache dafür, daß die Gebirgsbildung von der Kollisionssutur sich weit in den Kontinent fortpflanzt. Eine Vielzahl von weiteren Faktoren bestimmt darüber hinaus die Bauformen des Gebirges auf dem mobilisierten Kontinentalrand.

7.6 Literatur

Allmendinger, R. W., Ramos, V. A., Jordan, T. E., Palma, M., Isacks, B. L. (1983): Paleogeography and Andean Structural Geometry, Northwest Argentina. Tectonics, **2**, 1–16.

Giese, P. (Herausgeber), Forschungsberichte aus den zentralen Anden (21°–25 °S) und aus dem Atlas-System (Marokko), 1981–1985, Berliner geow. Abh. (A), **66**, 514 S., Berlin 1986.

Hsui, At. T., Marsh, B., Toksöz, M. N.: On melting of the subduced oceanic crust: Effects of subduction induced mantle flow. Tectonophys. **99**, 207–220, 1983.

James, D. E. (1971): Andean crustal structure. Carnegie Inst. Wash. Yearb., **69**, 447–460.

Liu, Lin-Gun.: Phase transformations, earthquakes and the descending lithosphere. – Phys. Earth Plan. Int., **32**, 226–240, 1983.

Michard, A. (1976): Eléments de géologie marocaine. – Notes Mém. Serv. géol., **252**: 1–408. Rabat.

8 Verzeichnis der Mitarbeiter an diesem Heft

Prof. Dr. Egon Althaus
Mineralogisches Institut der Universität
Kaiserstraße 12, 7500 Karlsruhe 1

Dr. F. Wolfgang Eder
Institut für Geologie der Universität
Goldschmidtstraße 3, 3400 Göttingen

Prof. Dr. Peter Giese
Institut für Geophysikalische Wissenschaften der FU
Rheinbabenallee 49, 1000 Berlin 33

Prof. Dr. Volker Haak
Institut für Geophysikalische Wissenschaften der FU
Rheinbabenallee 49, 1000 Berlin 33

Prof. Dr. Alfred W. Hofmann
Max-Planck-Institut für Chemie
Saarstraße 23, 6500 Mainz

Prof. Dr. Volker Jacobshagen
Institut für Geologie der FU
Altensteinstraße 34 A, 1000 Berlin 33

Prof. Dr. Wolfgang Jacoby
Institut für Geowissenschaften der Universität
Postfach 3980, 6500 Mainz

Dr. Johannes Karte
Deutsche Forschungsgemeinschaft
Kennedyallee 40, 5300 Bonn 2

Prof. Dr. Alfred Kröner
Institut für Geowissenschaften der Universität
Postfach 3980, 6500 Mainz

Prof. Dr. Volker Lorenz
Institut für Geowissenschaften der Universität
Postfach 3980, 6500 Mainz

Dr. Hans-Dietrich Maronde
Deutsche Forschungsgemeinschaft
Kennedyallee 40, 5300 Bonn 2

Dr. Günter Matheis
Sonderforschungsbereich 69 der TU
Ackerstraße 71, 1000 Berlin 65

Prof. Dr. Hubert Miller
Institut für Allgemeine und Angewandte Geologie der Universität
Luisenstraße 37, 8000 München 2

Prof. Dr. Klaus J. Reutter
Institut für Geologie der FU
Altensteinstraße 34 A, 1000 Berlin 33

Prof. Dr. Heinrich Wänke
Max-Planck-Institut für Chemie
Saarstraße 23, 6500 Mainz

Prof. Dr. Willi Ziegler
Forschungsinstitut Senckenberg
Senckenberganlage 25, 6000 Frankfurt 1

9 Erratum zu Mitteilung XIV der Geokommission

Aufgrund eines technischen Fehlers sind die Abbildungen 1 und 2 auf den Seiten 132 und 133 identisch, d.h. die Abbildung 2 muß durch das beigefügte Blatt ersetzt werden; die Abbildungsunterschrift kann belassen werden.

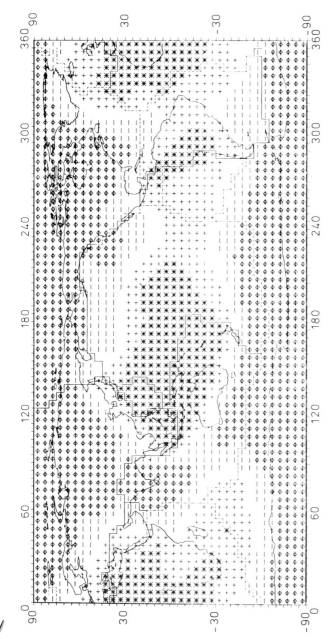